KB117292
초등
수학
서술형
끝

※ 검토해 주신 분들

최현지 선생님 (서울자곡초등학교)
서채은 선생님 (EBS 수학 강사)
이소연 선생님 (L MATH 학원 원장)

한 권으로 초등수학 서술형 끝 5

지은이 나소은 · 넥서스수학교육연구소
펴낸이 임상진
펴낸곳 (주)넥서스

초판 1쇄 발행 2020년 7월 30일
초판 2쇄 발행 2020년 8월 03일

출판신고 1992년 4월 3일 제311-2002-2호
10880 경기도 파주시 지목로 5
Tel (02)330-5500 Fax (02)330-5555

ISBN 979-11-6165-874-2 64410
979-11-6165-869-8 (SET)

가격은 뒤표지에 있습니다.
잘못 만들어진 책은 구입처에서 바꾸어 드립니다.

www.nexusbook.com
www.nexusEDU.kr/math

생각대로 술술 풀리는

#교과연계 #창의수학 #사고력수학 #스토리텔링

한 권으로 서술형 끝

나소은·넥서스수학교육연구소 지음

5

초등수학 3-1 과정

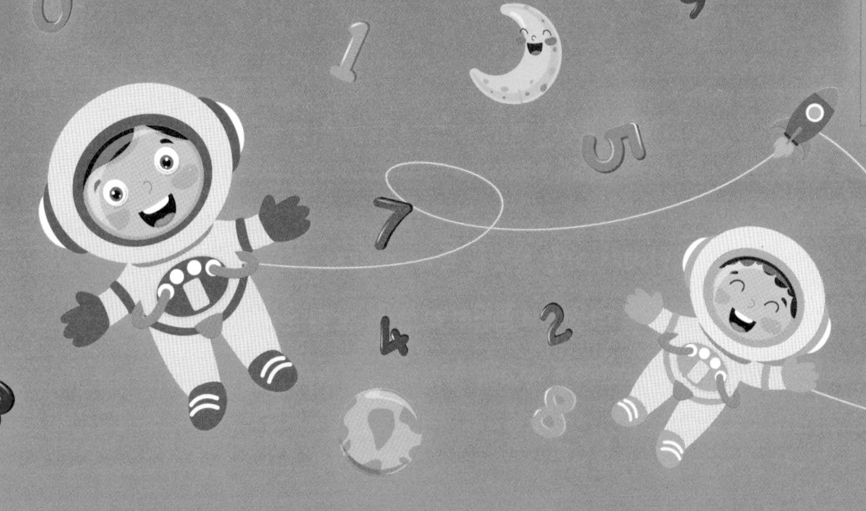

넥서스에듀

<한 권으로 서술형 끝>으로 끊임없는 나의 고민도 끝!

문제를 제대로 읽고 답을 했다고 생각했는데, 쓰다 보니 자꾸만 엉뚱한 답을 하게 돼요.

문제에서 어떠한 정보를 주고 있는지, 최종적으로 무엇을 구해야 하는지 정확하게 파악하는 단계별 훈련이 필요해요.

독서량은 많지만 논리 정연하게 답을 정리하기가 힘들어요.

독서를 통해 어휘력과 문장 이해력을 키웠다면, 생각을 직접 글로 써보는 연습을 해야 해요.

서술형 답을 어떤 것부터 써야 할지 모르겠어요.

문제에서 구하라는 것을 찾기 위해 어떤 조건을 이용하면 될지 짝을 지으면서 "A이므로 B임을 알 수 있다."의 서술 방식을 이용하면 답안 작성의 기본을 익힐 수 있어요.

시험에서 부분 점수를 자꾸 깎이는데요, 어떻게 해야 할까요?

직접 쓴 답안에서 어떤 문장을 꼭 써야 할지, 정답지에서 제공하고 있는 '채점 기준표'를 이용해서 꼼꼼하게 만점 맞기 훈련을 할 수 있어요.
만점은 물론, 창의력 + 사고력 향상도 기대하세요!

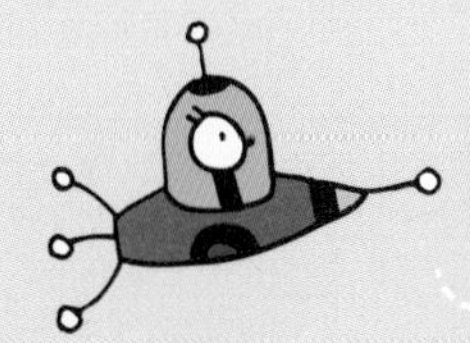

왜 <한 권으로 서술형 끝>으로 공부해야 할까요?

서술형 문제는 종합적인 사고 능력을 키우는 데 큰 역할을 합니다. 또한 배운 내용을 총체적으로 검증할 수 있는 유형으로 논리적 사고, 창의력, 표현력 등을 키울 수 있어 많은 선생님들이 학교 시험에서 다양한 서술형 문제를 통해 아이들을 훈련하고 계십니다. 부모님이나 선생님들을 위한 강의를 하다 보면, 학교에서 제일 어려운 시험이 서술형 평가라고 합니다. 어디서부터 어떻게 가르쳐야 할지, 논리력, 사고력과 연결되는 서술형은 어떤 책으로 시작해야 하는지 추천해 달라고 하십니다.

서술형 문제는 창의력과 사고력을 근간으로 만들어진 문제여서 아이들이 스스로 생각해보고 직접 문제에 대한 답을 찾아나갈 수 있는 과정을 훈련하도록 해야 합니다. 서술형 학습 훈련은 먼저 문제를 잘 읽고, 무엇을 풀이 과정 및 답으로 써야 하는지 이해하는 것이 핵심입니다. 그렇다면, 문제도 읽기 전에 힘들어하는 아이들을 위해, 서술형 문제를 완벽하게 풀 수 있도록 훈련하는 학습 과정에는 어떤 것이 있을까요?

문제에서 주어진 정보를 이해하고 단계별로 문제 풀이 및 답을 찾아가는 과정이 필요합니다.
먼저 주어진 정보를 찾고, 그 정보를 이용하여 수학 규칙이나 연산을 활용하여 답을 구해야 합니다. 서술형은 글로 직접 문제 풀이를 써내려 가면서 수학 개념을 이해하고 있는지 잘 정리하는 것이 핵심이어서 주어진 정보를 제대로 찾아 이해하는 것이 가장 중요합니다.

서술형 문제도 단계별로 훈련할 수 있음을 명심하세요! 이러한 과정을 손쉽게 해결할 수 있도록 교과서 내용을 연계하여 집필하였습니다. 자, 그럼 "한 권으로 서술형 끝" 시리즈를 통해 아이들의 창의력 및 사고력 향상을 위해 시작해 볼까요?

EBS 초등수학 강사 **나소은**

나소은 선생님 소개

- (주)아이눈 에듀 대표
- EBS 초등수학 강사
- 좋은책신사고 쎈닷컴 강사
- 아이스크림 홈런 수학 강사
- 천재교육 밀크티 초등 강사
- 교원, 대교, 푸르넷, 에듀왕 수학 강사
- Qook TV 초등 강사
- 방과후교육연구소 수학과 책임
- 행복한 학교(재) 수학과 책임
- 여성능력개발원 수학지도사 책임 강사

구성 및 특징

초등수학 서술형의 끝을 향해
여행을 떠나볼까요?

STEP 1 대표 문제 맛보기

핵심유형 1 받아올림이 없는 세 자리 수의 덧셈

STEP 1 대표 문제 맛보기

도서관에 토요일에 입장한 사람은 311명이고, 일요일에 입장한 사람은 토요일보다 123명 더 많습니다. 도서관에 토요일과 일요일에 입장한 사람은 모두 몇 명인지 풀이 과정을 쓰고, 답을 구하세요. (9점)

처음이니까 서술형 답을 어떻게 쓰는지 5단계로 정리해서 알려줄게요! 교과서에 수록된 핵심 유형을 맛볼 수 있어요.

STEP 2 따라 풀어보기

STEP 2 따라 풀어보기

진영이는 지난주에 밤 농장에 갔습니다. 진영이가 주운 밤은 231개이고, 아빠가 주운 밤은 진영이가 주운 밤보다 123개 더 많았습니다. 진영이와 아빠가 주운 밤은 모두 몇 개인지 풀이 과정을 쓰고, 답을 구하세요. (9점)

'Step1'과 유사한 문제를 따라 풀어보면서 다시 한 번 익힐 수 있어요!

STEP 3 스스로 풀어보기

STEP 3 스스로 풀어보기

1. 빨간 구슬 721개와 파란 구슬 236개가 상자에 들어 있습니다. 상자 안에 들어 있는 구슬은 모두 몇 개인지 풀이 과정을 쓰고, 답을 구하세요. (10점)

2. 집에서 학교까지의 거리는 644 m이고, 학교에서 서점까지의 거리는 143 m입니다. 집에서 학교를 거쳐 서점까지 가는 거리는 몇 m인지 풀이 과정을 쓰고, 답을 구하세요. (10점)

앞에서 학습한 핵심 유형을 생각하며 다시 연습해보고, 쌍둥이 문제로 따라 풀어보세요! 서술형 문제를 술술 생각대로 풀 수 있답니다.

실력 다지기

창의 융합, 생활 수학, 스토리텔링, 유형 복합 문제 수록!

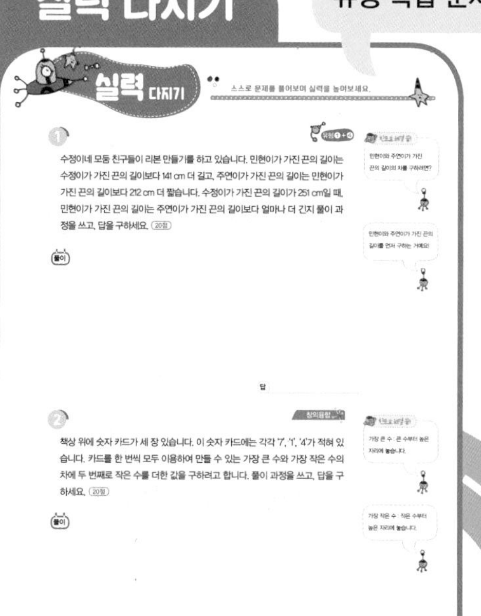

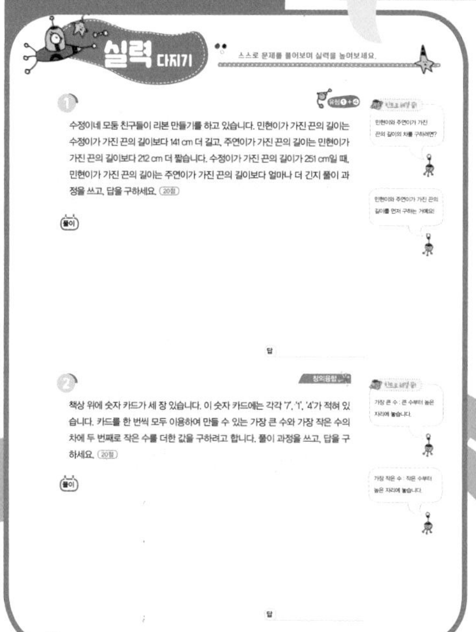

이제 실전이에요. 새 교육과정의 핵심인 '융합 인재 교육'에 알맞게 창의력, 사고력 문제들을 풀며 실력을 탄탄하게 다져보세요!

+ 추가 콘텐츠

www.nexusEDU.kr/math

단원을 마무리하기 전에 넥서스에듀 홈페이지 및 QR코드를 통해 제공하는 '스페셜 유형'과 다양한 '추가 문제'로 부족한 부분을 보충하고 배운 것을 추가적으로 복습할 수 있어요.
또한, '무료 동영상 강의'를 통해 교과와 연계된 개념 정리와 해설 강의를 들을 수 있어요.

QR코드를 찍으면 동영상 강의를 들을 수 있어요.

정답 및 해설

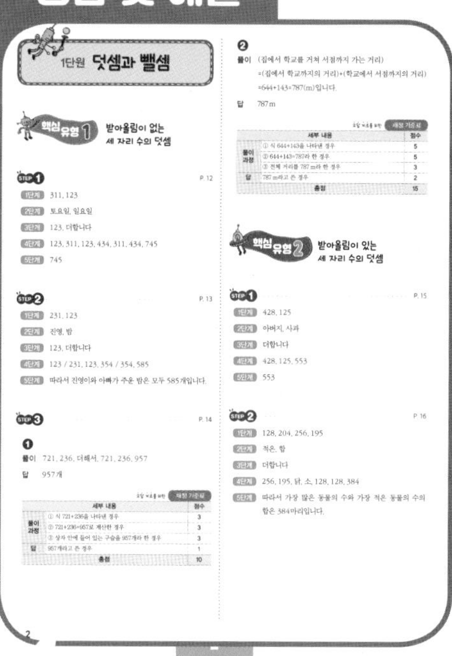

자세한 답안과 단계별 부분 점수를 보고 채점해보세요! 어떤 부분이 부족한지 정확하게 파악하여 사고력, 논리력을 키울 수 있어요!

나만의 문제 만들기

서술형 문제를 거꾸로 풀어 보면 개념을 잘 이해했는지 확인할 수 있어요! '나만의 문제 만들기'를 풀면서 최종 실력을 체크하는 시간을 가져보세요!

차례

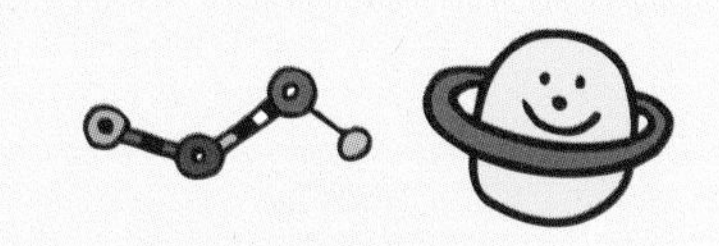

3 나눗셈

곱셈

길이와 시간

분수와 소수

채점 기준표가 들어있어요!

1. 덧셈과 뺄셈

유형1 받아올림이 없는 세 자리 수의 덧셈

유형2 받아올림이 있는 세 자리 수의 덧셈

유형3 받아내림이 없는 세 자리 수의 뺄셈

유형4 받아내림이 있는 세 자리 수의 뺄셈

받아올림이 없는 세 자리 수의 덧셈

STEP 1 대표 문제 맛보기

도서관에 토요일에 입장한 사람은 311명이고, 일요일에 입장한 사람은 토요일보다 123명 더 많습니다. 도서관에 토요일과 일요일에 입장한 사람은 모두 몇 명인지 풀이 과정을 쓰고, 답을 구하세요. (8점)

1단계 알고 있는 것 (1점)

토요일에 입장한 사람 수 : ☐ 명

일요일에 입장한 사람 수 : 토요일에 입장한 사람 수보다 ☐ 명 더 많습니다.

2단계 구하려는 것 (1점)

도서관에 ☐ 과 ☐ 에 입장한 사람이 모두 몇 명인지 구하려고 합니다.

3단계 문제 해결 방법 (2점)

토요일에 입장한 사람 수에 ☐ 을 더하여 일요일에 입장한 사람 수를 구한 후, 토요일과 일요일에 입장한 사람 수를 (더합니다 , 뺍니다).

4단계 문제 풀이 과정 (3점)

(일요일에 입장한 사람 수) = (토요일에 입장한 사람 수) + ☐

= ☐ + ☐

= ☐ (명)

(토요일과 일요일에 입장한 사람 수)

= (토요일에 입장한 사람 수) + (일요일에 입장한 사람 수)

= ☐ + ☐ = ☐ (명)

5단계 구하려는 답 (1점)

따라서 도서관에 토요일과 일요일에 입장한 사람은 모두 ☐ (명)입니다.

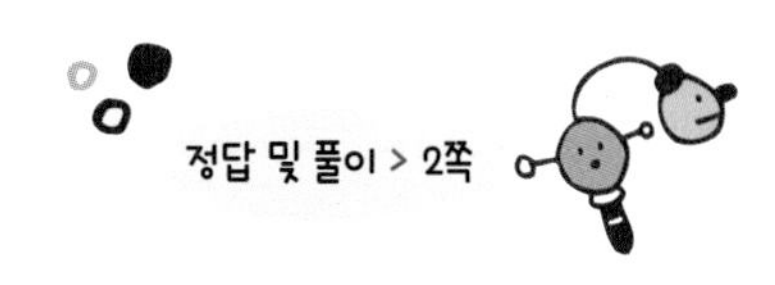

STEP 2 따라 풀어보기

진영이는 지난주에 밤 농장에 갔습니다. 진영이가 주운 밤은 231개이고, 아빠가 주운 밤은 진영이가 주운 밤보다 123개 더 많았습니다. 진영이와 아빠가 주운 밤은 모두 몇 개인지 풀이 과정을 쓰고, 답을 구하세요. (9점)

1단계 알고 있는 것 (1점)

진영이가 주운 밤은 ☐개이고, 아빠가 주운 밤은 진영이가 주운 밤보다 ☐개 더 많습니다.

2단계 구하려는 것 (1점)

☐이와 아빠가 주운 ☐이 모두 몇 개인지 구하려고 합니다.

3단계 문제 해결 방법 (2점)

진영이가 주운 밤의 수에 ☐을 더해 아빠가 주운 밤의 수를 구한 후, 진영이가 주운 밤과 아빠가 주운 밤의 수를 (더합니다 , 뺍니다).

4단계 문제 풀이 과정 (3점)

(아빠가 주운 밤의 수) = (진영이가 주운 밤의 수) + ☐

= ☐ + ☐ = ☐ (개)

(진영이와 아빠가 주운 밤의 수) = 231 + ☐ = ☐ (개)

5단계 구하려는 답 (2점)

STEP 3 스스로 풀어보기

유형❶

1. 빨간 구슬 721개와 파란 구슬 236개가 상자에 들어 있습니다. 상자 안에 들어 있는 구슬은 모두 몇 개인지 풀이 과정을 쓰고, 답을 구하세요. (10점)

풀이

상자 안에 들어 있는 구슬은 빨간 구슬 ☐ 개와 파란 구슬 ☐ 개이므로

721과 236을 (더해서, 빼서) 상자에 들어 있는 구슬이 모두 몇 개인지 구합니다.

따라서 ☐ + ☐ = ☐ 이므로 상자 안에 들어 있는 구슬은 모두

☐ 개입니다.

답 ________________

2. 집에서 학교까지의 거리는 644 m이고, 학교에서 서점까지의 거리는 143 m입니다. 집에서 학교를 거쳐 서점까지 가는 거리는 몇 m인지 풀이 과정을 쓰고, 답을 구하세요. (15점)

풀이

답 ________________

받아올림이 있는 세 자리 수의 덧셈

정답 및 풀이 > 2쪽

STEP 1 대표 문제 맛보기

희열이네 가족이 주말에 사과 농장으로 사과 따기 체험을 하러 갔습니다. 희열이의 어머니는 사과를 428개 땄고, 희열이의 아버지는 사과를 125개 땄습니다. 희열이의 어머니와 아버지가 딴 사과는 모두 몇 개인지 풀이 과정을 쓰고, 답을 구하세요. (8점)

1단계 알고 있는 것 (1점)

어머니가 딴 사과의 수 : □개

아버지가 딴 사과의 수 : □개

2단계 구하려는 것 (1점)

사과 농장에서 어머니와 □가 딴 □의 수를 구하려고 합니다.

3단계 문제 해결 방법 (2점)

어머니와 아버지가 딴 사과의 수를 (더합니다 , 뺍니다).

4단계 문제 풀이 과정 (3점)

(어머니와 아버지가 딴 사과의 수)

= (어머니가 딴 사과의 수) + (아버지가 딴 사과의 수)

= □ + □ = □ (개)

5단계 구하려는 답 (1점)

따라서 희열이의 어머니와 아버지가 딴 사과는 모두 □개입니다.

STEP 2 따라 풀어보기

다음은 어느 동물 농장에서 키우는 동물의 수를 조사하여 나타낸 표입니다. 가장 많은 동물의 수와 가장 적은 동물의 수의 합을 구하려고 합니다. 풀이 과정을 쓰고, 답을 구하세요. (9점)

동물 농장에서 키우는 동물의 수

동물	소	돼지	닭	오리
동물 수(마리)	128	204	256	195

1단계 알고 있는 것 (1점)

농장에서 키우는 동물의 수를 알고 있습니다.

소 : ☐ 마리　돼지 : ☐ 마리

닭 : ☐ 마리　오리 : ☐ 마리

2단계 구하려는 것 (1점)

가장 많은 동물의 수와 가장 ☐ 동물의 수의 ☐ 을 구하려고 합니다.

3단계 문제 해결 방법 (2점)

가장 큰 수와 가장 작은 수를 찾아 두 수를 (더합니다 , 뺍니다).

4단계 문제 풀이 과정 (3점)

수의 크기를 비교하면 ☐ > 204 > ☐ > 128이므로

수가 가장 많은 동물은 ☐ 이고 가장 적은 동물은 ☐ 입니다.

256과 ☐ 을 더하면 256 + ☐ = ☐ (마리)입니다.

5단계 구하려는 답 (2점)

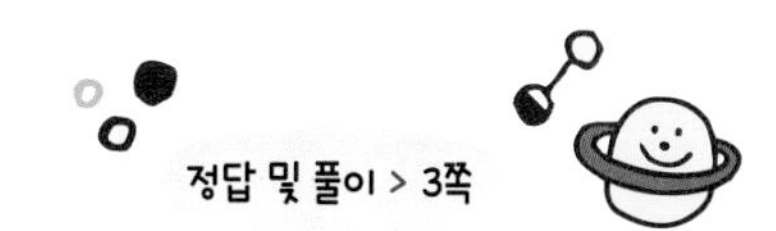

STEP 3 스스로 풀어보기

1. 처음 세 자리 수의 백의 자리 숫자와 일의 자리 숫자를 바꾸어 486을 뺐더니 218이 되었습니다. 처음 세 자리 수 무엇인지 풀이 과정을 쓰고, 답을 구하세요. (10점)

처음 세 자리 수의 백의 자리 숫자와 일의 자리 숫자를 바꾼 수를 △라 하면

△ − ☐ = ☐ 입니다.

덧셈과 뺄셈의 관계에 따라 △ = ☐ + ☐ = ☐ 이므로

처음 세 자리 수는 ☐ 의 백의 자리 숫자와 일의 자리 숫자를 바꾼 ☐ 입니다.

답

2. 처음 세 자리 수의 십의 자리 숫자와 일의 자리 숫자를 바꾸어 742를 뺐더니 179가 되었습니다. 처음 세 자리 수는 무엇인지 풀이 과정을 쓰고, 답을 구하세요. (15점)

답

받아내림이 없는 세 자리 수의 뺄셈

STEP 1 대표 문제 맛보기

미림이네 채소가게에 토마토가 674개 있었습니다. 장사를 끝내고 토마토의 수를 세어 보았더니 172개가 남았습니다. 판매한 토마토는 몇 개인지 풀이 과정을 쓰고, 답을 구하세요. (8점)

1단계 알고 있는 것 (1점)

미림이네 채소가게에 있는 토마토의 수 : ☐ 개

장사를 마친 후 남은 토마토의 수 : ☐ 개

2단계 구하려는 것 (1점)

판매한 ☐ 의 개수를 구하려고 합니다.

3단계 문제 해결 방법 (2점)

처음 채소가게에 있던 토마토 수에서 장사를 마친 후 남은 토마토의 수를 (더합니다 , 뺍니다).

4단계 문제 풀이 과정 (3점)

(판매한 토마토의 개수)

= (처음 미림이네 채소가게에 있던 토마토의 수)−(장사를 마친 후 남은 토마토의 수)

= ☐ − ☐ = ☐ (개)

5단계 구하려는 답 (1점)

따라서 판매한 토마토의 개수는 ☐ (개)입니다.

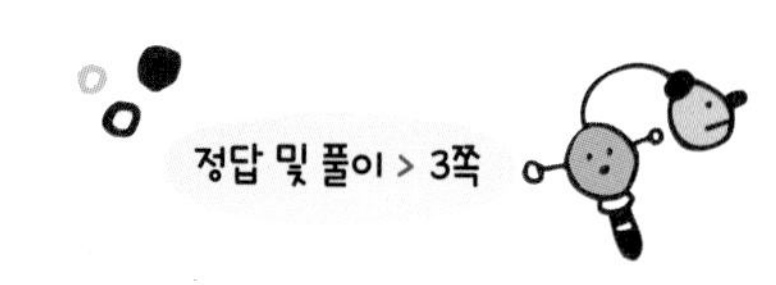

STEP 2 따라 풀어보기

윤정이네 학교에서는 책 한 권을 빌리면 붙임딱지 한 장을 준다고 합니다. 윤정이가 지금까지 모은 붙임딱지는 329장이고, 성욱이는 윤정이보다 121장을 적게 모았다고 합니다. 성욱이가 모은 붙임딱지는 모두 몇 장인지 풀이 과정을 쓰고, 답을 구하세요. (9점)

1단계 알고 있는 것 (1점)

윤정이가 모은 붙임딱지는 ☐ 장이고, 성욱이는 윤정이보다 ☐ 장을 덜 모았습니다.

2단계 구하려는 것 (1점)

☐ 이가 모은 붙임딱지는 몇 장인지 구하려고 합니다.

3단계 문제 해결 방법 (2점)

윤정이가 모은 붙임딱지의 수에서 121을 (더합니다 , 뺍니다).

4단계 문제 풀이 과정 (3점)

(성욱이가 모은 스티커의 개수)

= (윤정이가 모은 스티커의 개수) − ☐

= ☐ − ☐ = ☐ (장)

5단계 구하려는 답 (2점)

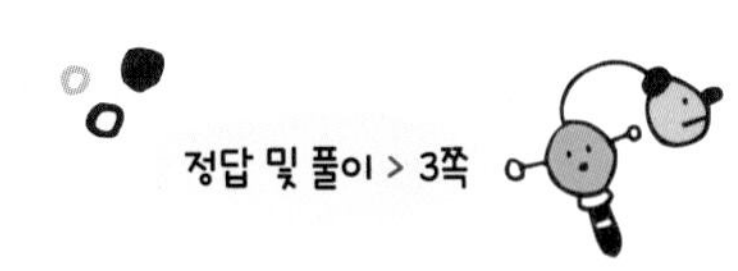

STEP 3 스스로 풀어보기

유형❸

1. 우리나라의 어떤 산은 높이가 857 m라고 합니다. 등산객들이 이 산을 오르고 있는데, 현재 715 m까지 올라왔다고 합니다. 산 정상까지 몇 m를 더 올라가야 하는지 풀이 과정을 쓰고, 답을 구하세요. (10점)

풀이

산 정상까지 더 올라가야 할 높이는 산의 높이와 현재 올라온 높이의 (합 , 차)을(를) 구합니다.

따라서 (산 정상까지 더 올라가야 하는 높이) = (산의 높이) − (현재 올라온 높이)

= ☐ − ☐ = ☐ (m)입니다.

답 ____________

2. 주영이는 오늘 줄넘기를 684번 넘기로 했습니다. 지금까지 123번을 넘었다면 몇 번의 줄넘기를 더 넘어야 하는지 풀이 과정을 쓰고, 답을 구하세요. (15점)

풀이

답 ____________

받아내림이 있는 세 자리 수의 뺄셈

정답 및 풀이 > 4쪽

STEP 1 대표 문제 맛보기

혁이네 학교 전체 학생 수는 모두 453명입니다. 그중 남학생이 264명이라면 여학생은 몇 명인지 풀이 과정을 쓰고, 답을 구하세요. (8점)

1단계 알고 있는 것 (1점) 혁이네 학교 전체 학생 수 : ☐ 명

혁이네 학교 남학생 수 : ☐ 명

2단계 구하려는 것 (1점) 혁이네 학교에 다니고 있는 ☐ 수를 구하려고 합니다.

3단계 문제 해결 방법 (2점) 혁이네 학교에 다니고 있는 전체 ☐ 수에서 남학생의 수를 (더합니다 , 뺍니다).

4단계 문제 풀이 과정 (3점) (여학생의 수) = (혁이네 학교 전체 학생 수) − (남학생의 수)

= ☐ − ☐

= ☐ (명)

5단계 구하려는 답 (1점) 따라서 혁이네 학교 여학생의 수는 ☐ 명입니다.

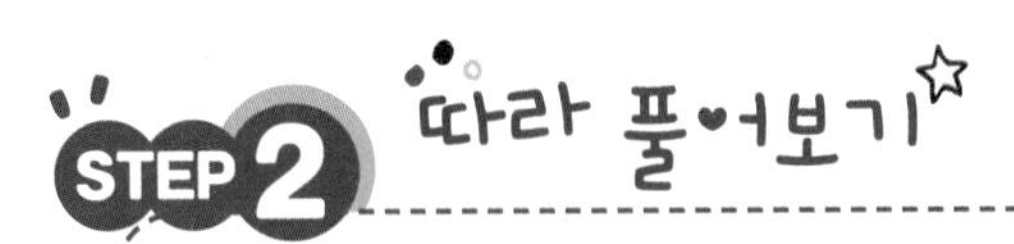

찬성이와 만월이는 새로 개장하는 놀이공원을 손꼽아 기다리고 있습니다. 이 놀이공원의 총 공사 기간은 753일이고 오늘까지 577일을 공사하였습니다. 공사가 끝나려면 며칠이 남았는지 풀이 과정을 쓰고, 답을 구하세요. (9점)

1단계 알고 있는 것 (1점)

놀이공원 공사 기간 : ☐ 일

공사한 날수 : ☐ 일

2단계 구하려는 것 (1점)

공사가 모두 끝나려면 ☐ 이 남았는지 구하려고 합니다.

3단계 문제 해결 방법 (2점)

총 공사 기간에서 오늘까지 공사한 날수를 (더합니다 , 뺍니다).

4단계 문제 풀이 과정 (3점)

(공사가 끝날 때까지 남은 기간)

= (총 공사 기간) − (오늘까지 공사한 날수)

= ☐ − ☐

= ☐ (일)

5단계 구하려는 답 (2점)

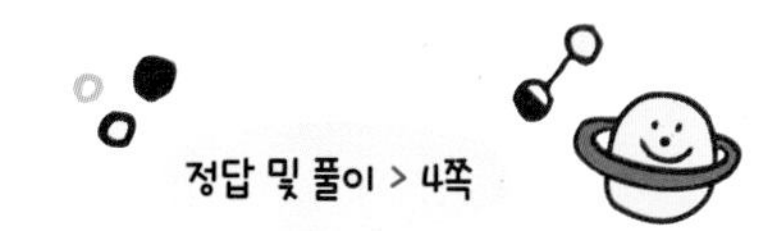

STEP 3 스스로 풀어보기

1. 책상 위에 숫자 카드가 세 장 있습니다. 이 숫자 카드에는 각각 '6', '8', '1'이 적혀 있습니다. 카드를 한 번씩 모두 이용하여 만들 수 있는 가장 큰 수와 가장 작은 수의 차를 구하는 풀이 과정을 쓰고, 답을 구하세요. (10점)

풀이

8 > 6 > 1이므로 세 장의 숫자 카드로 만들 수 있는 가장 큰 수는 ☐ 이고

가장 작은 수는 ☐ 이므로

두 수의 차는 ☐ − ☐ = ☐ 입니다.

답

2. 책상 위에 숫자 카드가 세 장 있습니다. 이 숫자 카드에는 각각 '7', '3', '9'가 적혀 있습니다. 카드를 한 번씩 모두 이용하여 만들 수 있는 두 번째로 큰 수와 가장 작은 수의 차를 구하는 풀이 과정을 쓰고, 답을 구하세요. (15점)

답

스스로 문제를 풀어보며 실력을 높여보세요.

1

유형 ❶+❹

수정이네 모둠 친구들이 리본 만들기를 하고 있습니다. 민현이가 가진 끈의 길이는 수정이가 가진 끈의 길이보다 141 cm 더 길고, 주연이가 가진 끈의 길이는 민현이가 가진 끈의 길이보다 212 cm 더 짧습니다. 수정이가 가진 끈의 길이가 251 cm일 때, 민현이가 가진 끈의 길이는 주연이가 가진 끈의 길이보다 얼마나 더 긴지 풀이 과정을 쓰고, 답을 구하세요. (20점)

힌트로 해결 끝!

민현이와 주연이가 가진 끈의 길이의 차를 구하려면?

민현이와 주연이가 가진 끈의 길이를 먼저 구하는 거예요!

답

2

창의융합

책상 위에 숫자 카드가 세 장 있습니다. 이 숫자 카드에는 각각 '7', '1', '4'가 적혀 있습니다. 카드를 한 번씩 모두 이용하여 만들 수 있는 가장 큰 수와 가장 작은 수의 차에 두 번째로 작은 수를 더한 값을 구하려고 합니다. 풀이 과정을 쓰고, 답을 구하세요. (20점)

힌트로 해결 끝!

가장 큰 수 : 큰 수부터 높은 자리에 놓습니다.

가장 작은 수 : 작은 수부터 높은 자리에 놓습니다.

답

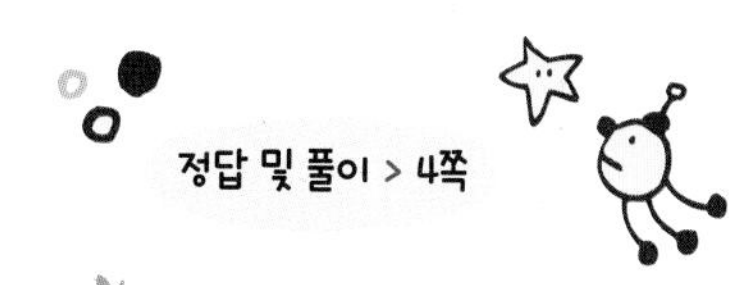
정답 및 풀이 > 4쪽

3

생활수학

어느 등산객들이 산을 오르려고 합니다. 이 산은 높이가 917 m이고 정상에서 475 m 아래에 휴게소가 있고, 휴게소보다 112 m 높은 곳에 온천이 있다고 합니다. 온천은 땅에서부터 몇 m 높이에 있는지 풀이 과정을 쓰고, 답을 구하세요. (20점)

답

생활수학

어떤 동물원에 동물이 365마리 있습니다. 이 동물원에 동물 314마리가 새로 들어온 후, 189마리가 다른 동물원으로 옮겨졌다고 합니다. 지금 이 동물원에 있는 동물은 모두 몇 마리인지 풀이 과정을 쓰고, 구하세요. (20점)

답

나만의 문제 만들기

거꾸로 풀며 나만의 문제를 완성해 보세요.

정답 및 풀이 > 5쪽

다음은 주어진 수와 낱말, 조건을 활용해서 만든 문제를 보고 풀이 과정과 답을 구한 것입니다. 어떤 문제였을까요? 거꾸로 문제 만들기, 도전해 볼까요? (15점)

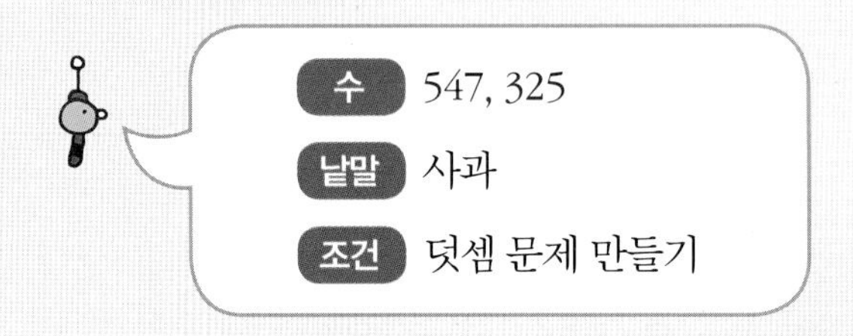

힌트
전체 사과 수를 구하는 질문을 만들어요.

문제

풀이

지영이네 가족이 오전에 딴 사과 수가 547개이고 오후에 딴 사과 수가 325개이므로 지영이네 가족이 딴 전체 사과 수는 547과 325를 더하여 구합니다.
따라서 (지영이네 가족이 딴 사과 수)=(오전에 딴 사과 수)+(오후에 딴 사과 수)=547+325=872(개)입니다.

답 872개

2. 평면도형

유형1 선의 종류, 각과 직각

유형2 직각삼각형

유형3 직사각형

유형4 정사각형

선의 종류, 각과 직각

STEP 1 대표 문제 맛보기

다음 세 점을 이어 그릴 수 있는 선분과 직선의 수의 합은 몇 개인지 구하려고 합니다. 풀이 과정을 쓰고, 답을 구하세요. (8점)

ㄷ•

ㄱ•

•ㄴ

1단계 알고 있는 것 (1점)

점 ☐, 점 ㄴ, 점 ☐의 위치를 알고 있습니다.

2단계 구하려는 것 (1점)

세 점을 이어 그릴 수 있는 ☐과 직선의 수의 (합 , 차)을(를) 구하려고 합니다.

3단계 문제 해결 방법 (2점)

☐은 두 점을 곧게 잇는 선이고, ☐은 선분을 양쪽으로 끝없이 늘인 곧은 선입니다.

4단계 문제 풀이 과정 (3점)

선분과 직선을 각각 그어보면 다음과 같습니다. (직접 그려보세요.)

ㄷ• ㄷ•

ㄱ• ㄱ•

•ㄴ •ㄴ

세 점을 이어 그을 수 있는 선분은 ☐개이고, 직선도 ☐개이므로 ☐ + ☐ = ☐(개)입니다.

5단계 구하려는 답 (1점)

따라서 세 점을 이어 그을 수 있는 선분과 직선의 수의 합은 ☐개입니다.

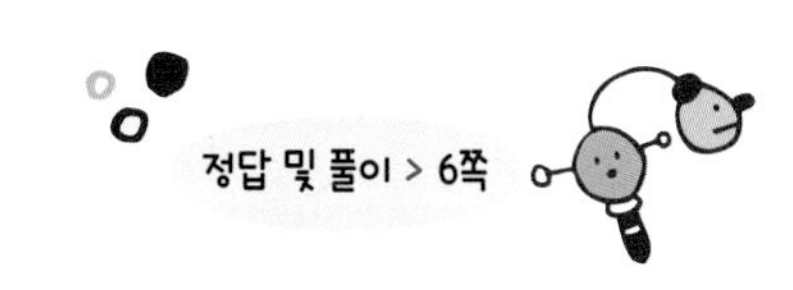

STEP 2 따라 풀어보기

다음 네 점을 이어 그릴 수 있는 반직선은 몇 개인지 구하려고 합니다. 풀이 과정을 쓰고, 답을 구하세요. (9점)

ㄱ, ㄴ, ㄹ, ㄷ

1단계 알고 있는 것 (1점) 점 ☐, 점 ㄴ, 점 ☐, 점 ㄹ의 위치를 알고 있습니다.

2단계 구하려는 것 (1점) 네 점을 이어 그릴 수 있는 ☐은 몇 개인지 구하려고 합니다.

3단계 문제 해결 방법 (2점) ☐은 한 점에서 시작하여 한 쪽으로 끝없이 늘인 곧은 선입니다.

4단계 문제 풀이 과정 (3점) 점 ㄱ에서 그을 수 있는 반직선은 다음과 같이 ☐ 개입니다.

(직접 반직선을그려보세요.)

ㄱ, ㄴ, ㄹ, ㄷ

점은 모두 ☐ 개이고 각 점에서 반직선을 ☐ 개씩 그을 수 있으므로 3 × ☐ = ☐ 입니다.

5단계 구하려는 답 (2점)

123 이것만 알면 문제 해결 OK!

곧은 선의 종류

- ☆ 선분 : 두 점을 곧게 이은 선
- ☆ 반직선 : 한 점에서 시작하여 한 쪽으로 끝없이 늘인 곧은 선
- ☆ 직선 : 선분을 양쪽으로 끝없이 늘인 곧은 선

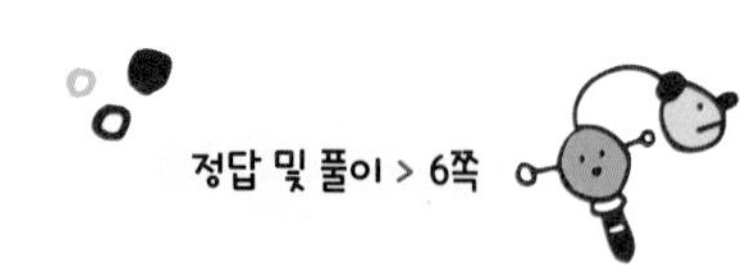

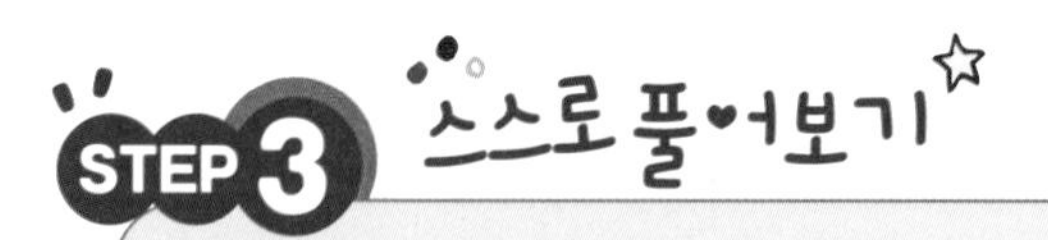

STEP 3 스스로 풀어보기

유형 1

1. 다음 도형에서 찾을 수 있는 크고 작은 각의 수는 모두 몇 개인지 풀이 과정을 쓰고, 답을 구하세요. (10점)

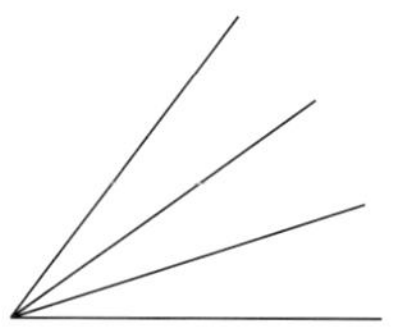

풀이

작은 각 1개로 이루어진 각 : □개

작은 각 2개로 이루어진 각 : □개

작은 각 3개로 이루어진 각 : □개

→ □ + □ + □ = □(개)

따라서 도형에서 찾을 수 있는 크고 작은 각의 수는 모두 □개입니다.

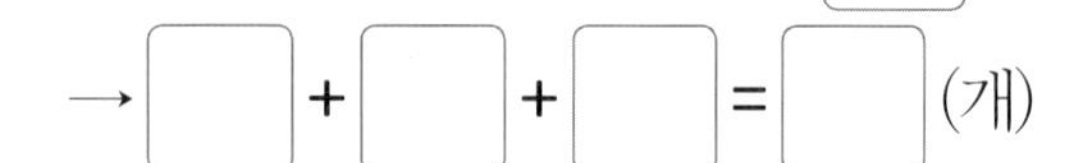

답 ____________

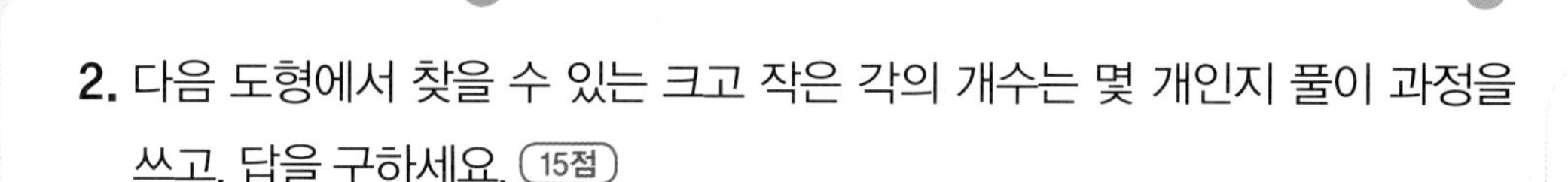

2. 다음 도형에서 찾을 수 있는 크고 작은 각의 개수는 몇 개인지 풀이 과정을 쓰고, 답을 구하세요. (15점)

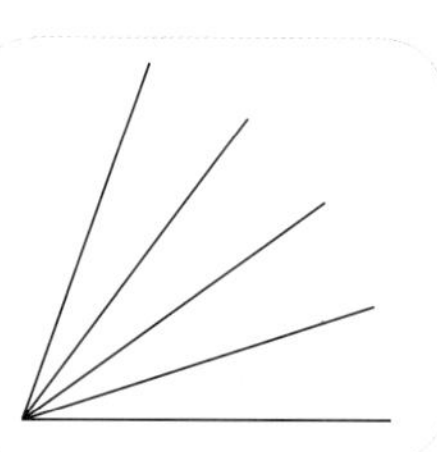

풀이

답 ____________

핵심유형 2

정답 및 풀이 > 6쪽

STEP 1 대표 문제 맛보기

다음 그림에서 찾을 수 있는 크고 작은 직각삼각형의 수를 구하려고 합니다. 풀이 과정을 쓰고, 답을 구하세요. (8점)

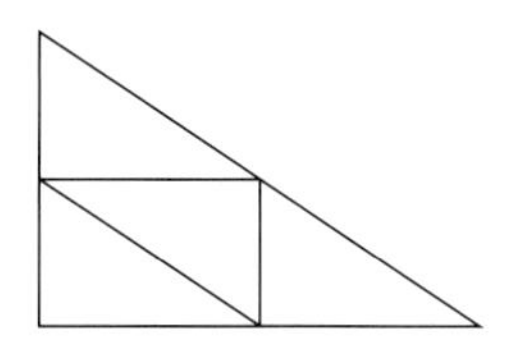

1단계 알고 있는 것 (1점) 큰 삼각형을 4개의 작은 삼각형으로 나눈 주어진 ☐을 알고 있습니다.

2단계 구하려는 것 (1점) 크고 작은 ☐의 수를 구하려고 합니다.

3단계 문제 해결 방법 (2점) 직각삼각형은 (한 , 두) 각이 ☐인 삼각형입니다.

4단계 문제 풀이 과정 (3점) 그림의 작은 삼각형에 번호를 붙여 나타냅니다.

삼각형 1개로 이루어진 직각삼각형

: ☐, ②, ☐, ④ → ☐개

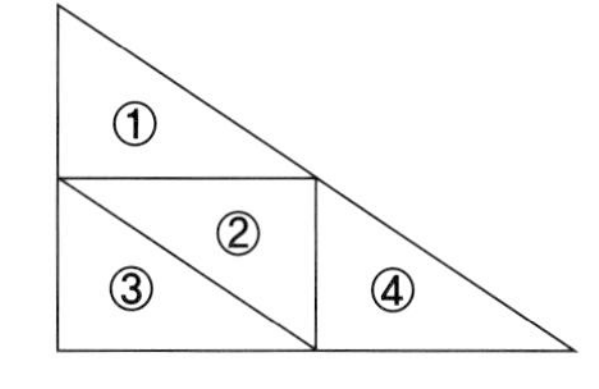

삼각형 4개로 이루어진 직각삼각형

: ①+②+③+④ → ☐개

크고 작은 직각삼각형의 수는 $4+1=$ ☐(개)

5단계 구하려는 답 (1점) 따라서 그림에서 찾을 수 있는 크고 작은 직각삼각형의 수는 모두 ☐개입니다.

STEP 2 따라 풀어보기

다음 그림에서 찾을 수 있는 크고 작은 직각삼각형은 모두 몇 개인지 풀이 과정을 쓰고, 답을 구하세요. (9점)

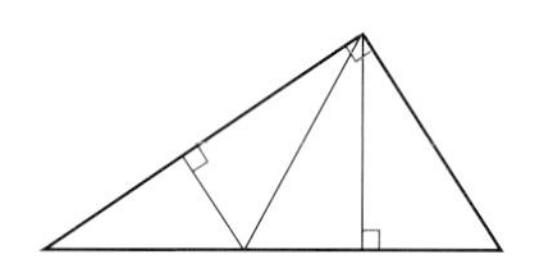

1단계 알고 있는 것 (1점)

큰 삼각형을 4개의 작은 삼각형으로 나눈 주어진 [ ]을 알고 있습니다.

2단계 구하려는 것 (1점)

크고 작은 [ ]의 수를 구하려고 합니다.

3단계 문제 해결 방법 (2점)

직각삼각형은 (한 , 두) 각이 [ ]인 삼각형입니다.

4단계 문제 풀이 과정 (3점)

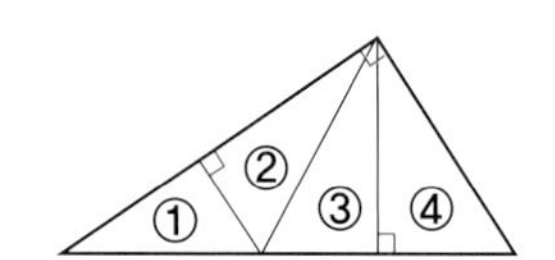

그림의 작은 삼각형에 번호를 붙여 나타냅니다.

삼각형 1개로 이루어진 직각삼각형 : [ ], ②, [ ], ④ → [ ]개

삼각형 3개로 이루어진 직각삼각형 : ①+②+③ → [ ]개

삼각형 4개로 이루어진 직각삼각형 : ①+②+[ ]+[ ] → [ ]개

크고 작은 직각삼각형의 수는 [ ]+1+[ ]=[ ](개)

5단계 구하려는 답 (2점)

STEP 3 스스로 풀어보기

1. 모양과 크기가 다른 4개의 직각삼각형이 있습니다. 이 4개의 직각삼각형에 있는 직각은 모두 몇 개인지 풀이 과정을 쓰고, 답을 구하세요. (10점)

풀이

한 각이 직각인 삼각형을 [　　　] 이라고 합니다.

4개의 직각삼각형에는 각각 직각이 [　] 개씩 있으므로 4개의 [　　　] 에 있는 직각은 모두 [　] 개입니다.

답 ______________

2. 모양과 크기가 다른 5개의 직각삼각형이 있습니다. 이 5개의 직각삼각형에 있는 직각이 아닌 각은 모두 몇 개인지 풀이 과정을 쓰고, 답을 구하세요. (15점)

답 ______________

STEP 1 대표 문제 맛보기

다음 직사각형의 네 변의 길이의 합을 구하려고 합니다. 직사각형의 긴 변의 길이가 8 cm이고 짧은 변의 길이가 5 cm일 때, 직사각형 네 변의 길이의 합은 몇 cm인지 구하는 풀이 과정을 쓰고, 답을 구하세요. (8점)

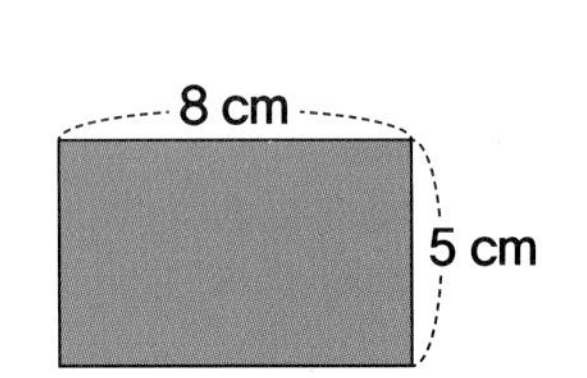

1단계 알고 있는 것 (1점)
긴 변의 길이가 ☐ cm이고 짧은 변의 길이가 ☐ cm인 직사각형

2단계 구하려는 것 (1점)
직사각형의 네 변의 길이의 (합 , 차)은(는) 몇 cm인지 구하려고 합니다.

3단계 문제 해결 방법 (2점)
직사각형은 마주보는 변의 길이가 (같습니다 , 다릅니다).

4단계 문제 풀이 과정 (3점)
직사각형은 마주보는 변의 길이가 같으므로 8 cm인 변과 마주보는 변의 길이는 ☐ cm이고, 5 cm인 변과 마주보는 변의 길이는 ☐ cm이므로 ☐ + 5 + ☐ + 5 = ☐ (cm)입니다.

5단계 구하려는 답 (1점)
따라서 직사각형 네 변의 길이의 합은 ☐ cm입니다.

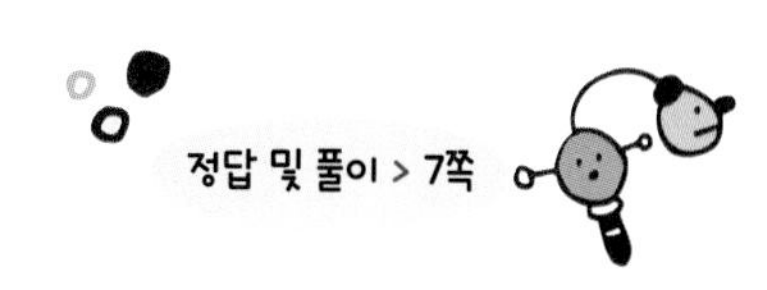

STEP 2 따라 풀어보기

직사각형의 네 변의 길이의 합은 36 cm입니다. 직사각형의 긴 변의 길이가 12 cm일 때, □ 안에 알맞은 수는 무엇인지 풀이 과정을 쓰고, 답을 구하세요. (9점)

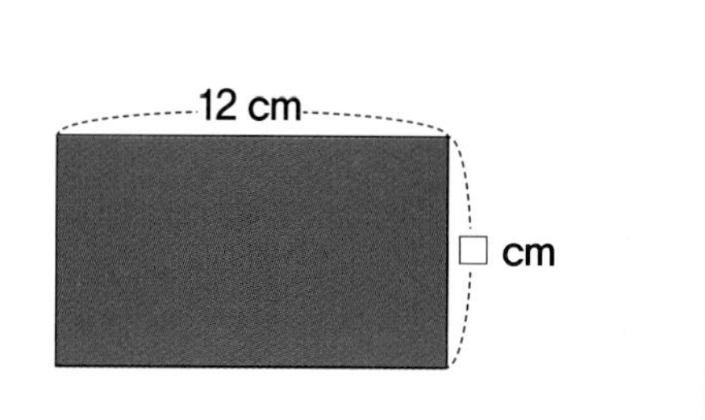

1단계 알고 있는 것 (1점)

직사각형 네 변의 길이의 합은 ☐ cm이고 긴 변의 길이는 ☐ cm입니다.

2단계 구하려는 것 (1점)

□ 안에 알맞은 ☐ 를 구하려고 합니다.

3단계 문제 해결 방법 (2점)

직사각형은 마주보는 변의 길이가 (같습니다 , 다릅니다).

4단계 문제 풀이 과정 (3점)

직사각형은 마주보는 변의 길이가 같으므로

12 + □ + 12 + □ = ☐ 이고

24 + □ + □ = ☐ , □ + □ = ☐ − 24 = ☐ ,

□ = ☐ 입니다.

5단계 구하려는 답 (2점)

STEP 3 스스로 풀어보기

유형❸

1. 긴 변의 길이가 13 cm이고 짧은 변의 길이가 4 cm인 직사각형 2개를 이어 붙여 다음과 같은 직사각형을 만들었을 때, 이어 붙여 만든 직사각형의 네 변의 길이의 합은 몇 cm인지 풀이 과정을 쓰고, 답을 구하세요. (10점)

13 cm
4 cm

풀이

직사각형 2개를 이어 붙여 만든 직사각형의 긴 변의 길이는 □ cm이고, 짧은 변의 길이는 □ + 4 = □ (cm)입니다. 따라서 만든 직사각형의 네 변의 길이의 합은

□ + 8 + 13 + □ = □ (cm)입니다.

답 ______________

2. 긴 변의 길이가 7 cm이고 짧은 변의 길이가 3 cm인 직사각형 2개를 짧은 변끼리 이어 붙여 직사각형을 만들었습니다. 새로 만든 직사각형의 네 변의 길이의 합은 몇 cm인지 풀이 과정을 쓰고, 답을 구하세요. (15점)

풀이

답 ______________

정사각형

정답 및 풀이 > 8쪽

지영이는 가지고 있는 철사를 모두 사용하여 한 변의 길이가 6 cm인 정사각형을 만들었습니다. 이 철사를 펴서 한 변의 길이가 1 cm인 정사각형을 다시 만든다면 몇 개까지 만들 수 있는지 풀이 과정을 쓰고, 답을 구하세요. (8점)

1단계 알고 있는 것 (1점) 철사를 모두 사용하여 만든 정사각형의 한 변의 길이 : □ cm

2단계 구하려는 것 (1점) 철사로 만들 수 있는 한 변의 길이가 □ cm인 □ 의 개수를 구하려고 합니다.

3단계 문제 해결 방법 (2점) 정사각형은 네 변의 길이가 모두 (같습니다 , 다릅니다).

4단계 문제 풀이 과정 (3점) 정사각형은 네 변의 길이가 모두 같으므로

(철사의 길이) = (한 변이 □ cm인 정사각형의 네 변의 길이의 합)

= □ × 4 = □ (cm)입니다.

(한 변의 길이가 □ cm인 정사각형의 네 변의 길이의 합)

= □ × 4 = □ (cm)이고, 철사 24 cm로 만들 수 있는 한 변의 길이가 1 cm인 정사각형의 수는 4를 6번 더하면

□ + 4 + □ + 4 + 4 + □ = 24이므로 □ 개입니다.

5단계 구하려는 답 (1점) 따라서 철사를 펴서 만들 수 있는 한 변의 길이가 1 cm인 정사각형의 개수는 □ 개입니다.

STEP 2 따라 풀어보기

긴 변의 길이가 12 cm이고 짧은 변의 길이가 10 cm인 직사각형이 있습니다. 이 직사각형의 네 변의 길이의 합과 네 변의 길이의 합이 같은 정사각형의 한 변의 길이는 몇 cm인지 구하는 풀이 과정을 쓰고, 답을 구하세요. (9점)

1단계 알고 있는 것 (1점)

긴 변의 길이가 ☐ cm이고 짧은 변의 길이가 ☐ cm인 직사각형

2단계 구하려는 것 (1점)

☐ 의 한 변의 길이를 구하려고 합니다.

3단계 문제 해결 방법 (2점)

직사각형은 마주보는 변의 길이가 (같고 , 다르고),
정사각형은 네 변의 길이가 모두 (같습니다 , 다릅니다).

4단계 문제 풀이 과정 (3점)

(직사각형 네 변의 길이의 합)
= ☐ + 10 + ☐ + 10 = ☐ (cm)입니다.
정사각형 한 변의 길이를 □ cm라 하면
□ + □ + □ + □ = ☐ 이므로 □ = ☐ 입니다.

5단계 구하려는 답 (2점)

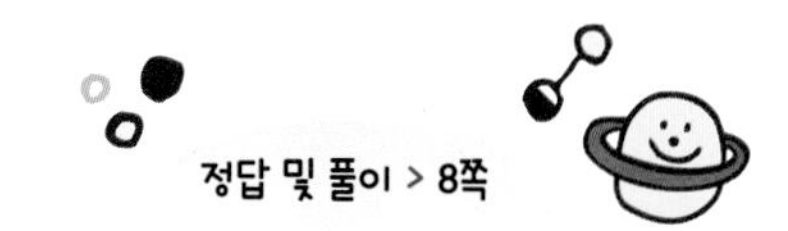

STEP 3 스스로 풀어보기

1. 정사각형 2개를 그림과 같이 이어 붙였을 때 ㉠에 알맞은 수를 구하려고 합니다. 풀이 과정을 쓰고, 답을 구하세요. (10점)

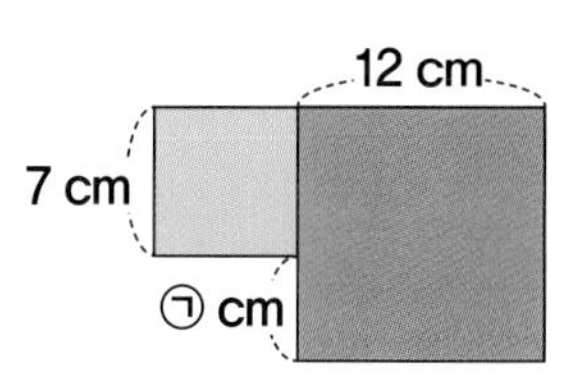

풀이

정사각형은 네 변의 길이가 같으므로 오른쪽 정사각형에서 7 + ㉠ = ☐ 이고,

㉠ = 12 − ☐ = ☐ 입니다.

답

2. 정사각형 3개를 그림과 같이 겹치게 놓았습니다. 가장 작은 정사각형의 네 변의 길이의 합이 32 cm일 때 ㉠에 알맞은 수를 구하는 풀이 과정을 쓰고, 답을 구하세요. (15점)

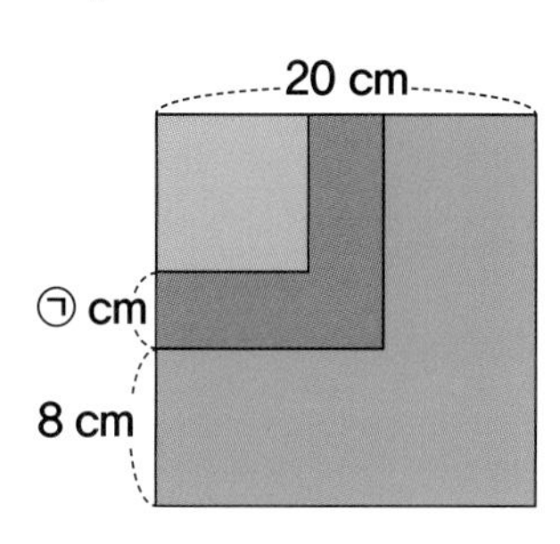

풀이

답

정사각형에 선분을 그어 보아요.

1 정사각형에 선분 3개를 그어 잘랐을 때 만들어지는 직각삼각형의 수는 최대 몇 개인지 풀이 과정을 쓰고, 답을 구하세요. (20점)

풀이

답

2 다음과 같은 직사각형 모양의 종이를 잘라서 가능한 한 큰 정사각형을 만들고 남은 종이로 다시 가능한 한 큰 정사각형을 만들었습니다. 정사각형 2개를 만들고 남은 종이의 짧은 변의 길이는 몇 cm인지 풀이 과정을 쓰고, 답을 구하세요. (20점)

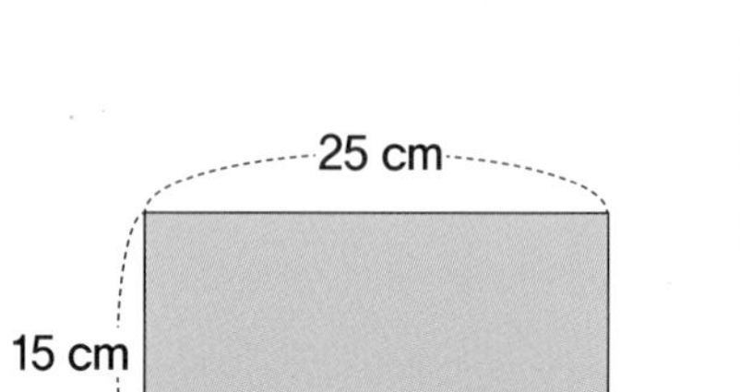

답

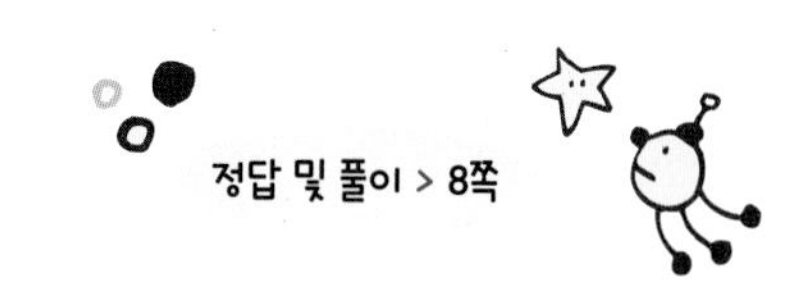

3

창의융합

다음 그림에서 찾을 수 있는 직사각형과 직각삼각형 수의 차는 몇 개인지 풀이 과정을 쓰고, 답을 구하세요. (20점)

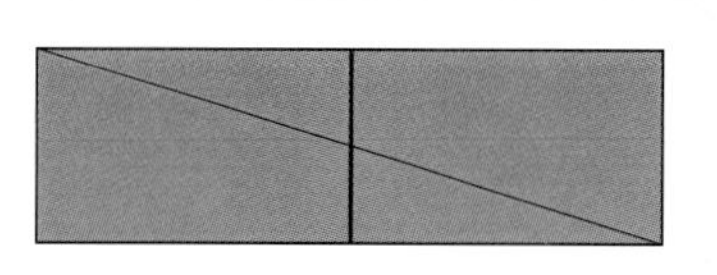

힌트로 해결 끝!

각 조각에 번호를 붙여, 조각의 수를 늘려가며 직사각형과 직각삼각형을 찾아요.

풀이

답

4

길이가 120 cm인 끈으로 크기가 같은 정사각형 3개를 만들고 남은 끈으로 네 변의 길이의 합이 18 cm인 직사각형 2개를 만들었더니 끈 12 cm가 남았습니다. 만든 정사각형의 한 변의 길이는 몇 cm인지 풀이 과정을 쓰고, 답을 구하세요. (20점)

힌트로 해결 끝!

정사각형의 한 변의 길이 : □cm

정사각형 네 변의 길이의 합 : (□×4) cm

같은 정사각형 3개를 만드는 데 필요한 길이 : (□×12) cm

답

정답 및 풀이 > 9쪽

다음은 주어진 시각과 조건을 활용해서 만든 문제를 보고 풀이 과정과 답을 구한 것입니다. 어떤 문제였을까요? 거꾸로 문제 만들기, 도전해 볼까요? (15점)

시각 오후 1시, 오후 6시

조건 직각인 시각 구하기

★ 힌트 ★
시계에서 직각이 되는 시각을 구하는 질문을 만들어요!

문제

풀이

시계의 긴바늘이 12를 가리킬 때의 시각은 '몇' 시이고, 시계의 짧은바늘과 긴바늘이 이루는 작은 쪽의 각이 직각인 시각은 3시와 9시입니다.

따라서 오후 1시와 오후 6시 사이의 시각 중 직각인 시각은 오후 3시입니다.

답 오후 3시

3. 나눗셈

똑같이 나누기

다음을 나눗셈식으로 나타냈을 때 몫이 다른 하나를 골라 기호로 쓰려고 합니다. 풀이 과정을 쓰고, 답을 구하세요. (8점)

㉠ 12÷3=4

㉡ 28-4-4-4-4-4-4-4=0

㉢ 지우개 21개를 3개씩 나누어 주면 7명에게 나누어줄 수 있습니다.

1단계 알고 있는 것 (1점)

㉠ 12÷3=□

㉡ 28−4−4−4−4−4−4−4=□

㉢ 지우개 21개를 □개씩 나누어주면 □명에게 나누어줄 수 있습니다.

2단계 구하려는 것 (1점)

나눗셈식으로 나타냈을 때 몫이 (같은 , 다른) 하나를 골라 기호로 쓰려고 합니다.

3단계 문제 해결 방법 (2점)

(곱셈식 , 나눗셈식)으로 나타내고 몫을 구합니다.

4단계 문제 풀이 과정 (3점)

㉠ 12÷3=4에서 몫은 □ 입니다.

㉡ 28−4−4−4−4−4−4−4=0를 나눗셈식으로 나타내면

28÷□=□ 이므로 몫은 □ 입니다.

㉢ 지우개 21개를 3개씩 나누어주면 7명에게 나누어줄 수 있습니다. → 나눗셈식으로 나타내면 21÷□=□ 이므로 몫은 □ 입니다.

5단계 구하려는 답 (1점)

따라서 나눗셈식으로 나타냈을 때 몫이 다른 하나는 □ 입니다.

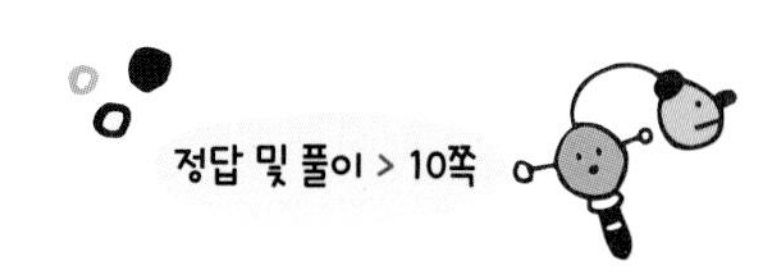

STEP 2 따라 풀어보기

다음을 나눗셈식으로 나타냈을 때 몫이 가장 큰 것을 골라 기호로 쓰려고 합니다. 풀이 과정을 쓰고, 답을 구하세요. (9점)

㉠ 색종이 3장을 사용하여 꽃 한 송이를 만들 수 있습니다. 색종이 15장으로 만들 수 있는 꽃은 5송이입니다.

㉡ 12에서 2를 6번 빼면 0입니다.

㉢ 48장의 딱지를 6명이 나누어 가지면 한 명이 8장씩 가질 수 있습니다.

1단계 알고 있는 것 (1점)

㉠ 색종이 ☐장을 사용하여 꽃 한 송이를 만들 수 있습니다. 색종이 ☐장으로 만들 수 있는 꽃은 ☐송이입니다.

㉡ 12에서 ☐를 6번 빼면 ☐입니다.

㉢ ☐장의 딱지를 6명이 나누어 가지면 한 명이 ☐장씩 가질 수 있습니다.

2단계 구하려는 것 (1점)

나눗셈식으로 나타냈을 때 몫이 가장 (큰, 작은) 것을 골라 기호로 쓰려고 합니다.

3단계 문제 해결 방법 (2점)

(곱셈식 , 나눗셈식)으로 나타내고 몫을 구합니다.

4단계 문제 풀이 과정 (3점)

나눗셈식으로 나타내고 몫을 구하면

㉠은 15÷☐=☐이므로 몫은 ☐입니다.

㉡은 12÷☐=☐이므로 몫은 ☐입니다.

㉢은 48÷☐=☐이므로 몫은 ☐입니다.

몫의 크기를 비교하면 ☐>6>☐입니다.

5단계 구하려는 답 (2점)

STEP 3 스스로 풀어보기

1. 진수네 어머니께서 마트에서 과자 6개를 사오셨습니다. 진수와 동생이 똑같이 나누어 먹는다면 한 사람이 먹을 수 있는 과자는 몇 개인지 나눗셈식을 이용하여 구하려고 합니다. 풀이 과정을 쓰고, 답을 구하세요. (10점)

풀이

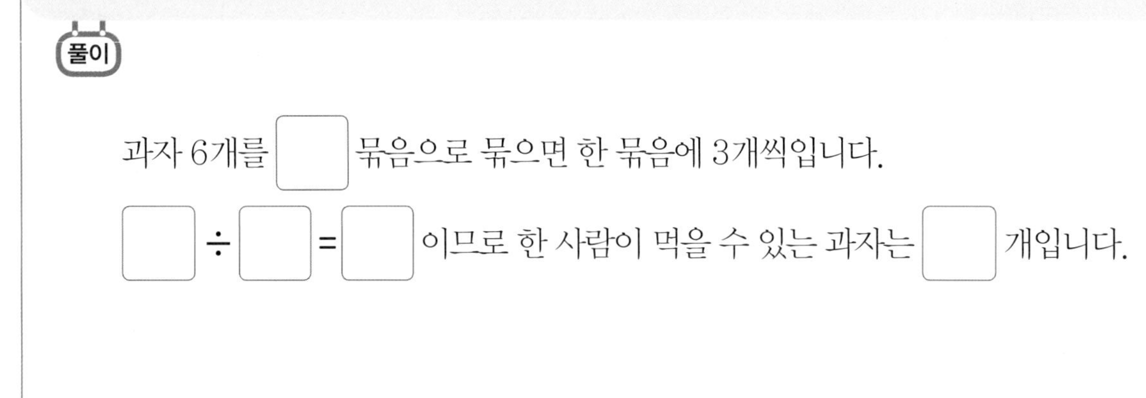

2. 사과 10개를 한 사람이 2개씩 먹으려고 합니다. 모두 몇 명이 먹을 수 있는지 나눗셈을 이용하여 구하려고 합니다. 풀이 과정을 쓰고, 답을 구하세요. (15점)

풀이

답

곱셈과 나눗셈의 관계

정답 및 풀이 > 10쪽

다음 식을 보고 ㉠+㉡-㉢의 값을 구하려고 합니다. 풀이 과정을 쓰고, 답을 구하세요. (8점)

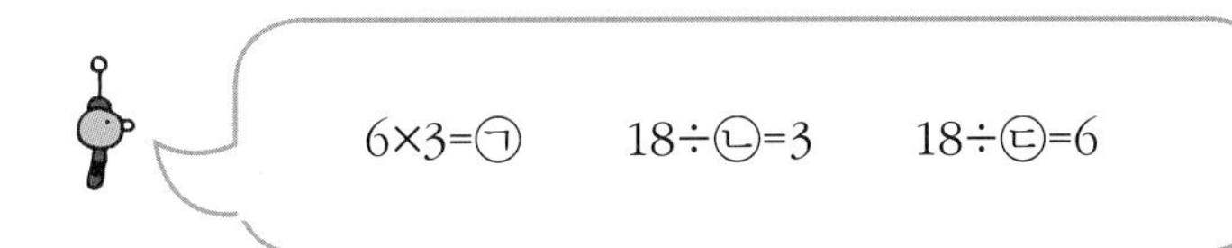

1단계 알고 있는 것 (1점) 곱셈식 한 개와 나눗셈식 ☐개를 알고 있습니다.

2단계 구하려는 것 (1점) 식을 보고 ☐+㉡-☐의 값을 구하려고 합니다.

3단계 문제 해결 방법 (2점) 곱셈식에서 두 수의 곱은 나눗셈식에서 (나누어지는 수 , 나누는 수)가 됩니다.

4단계 문제 풀이 과정 (3점) 6 × 3 = ☐ 입니다. 곱셈식에서 두 수의 곱은 나눗셈식에서 나누어지는 수가 되고 18 ÷ ☐ =3, 18 ÷ ☐ = 6이므로
㉠ = ☐, ㉡ = ☐, ㉢ = ☐ 이고,
㉠ + ㉡ - ㉢ = ☐ + ☐ - ☐ = ☐ 입니다.

5단계 구하려는 답 (1점) 따라서 ㉠ + ㉡ - ㉢은 ☐ 입니다.

STEP 2 따라 풀어보기

글을 읽고 ㉠, ㉡에 들어갈 수의 합을 구하는 풀이 과정을 쓰고, 답을 구하세요. (9점)

> 식탁 위에 접시 5개가 있습니다. 각 접시에 놓여 있는 사탕의 수는 모두 같고 전체 사탕의 수는 20개입니다. 각 접시에 놓여 있는 사탕의 수를 □개라 하고, 전체 사탕의 수를 구하는 곱셈식을 세우면 □×5=20입니다. 곱셈과 나눗셈의 관계에 따라 □를 구하는 나눗셈식을 나타내면 20÷㉠=□이므로 □=㉡입니다.

1단계 알고 있는 것 (1점)

각 접시에 놓여 있는 사탕의 수 : □개

전체 사탕의 수를 구하는 곱셈식 : [ ]

□를 구하는 나눗셈식 : 20÷[ ]=□

2단계 구하려는 것 (1점)

㉠, ㉡에 들어갈 수의 (합 , 차)을(를) 구하려고 합니다.

3단계 문제 해결 방법 (2점)

곱셈과 나눗셈의 관계를 이용하여 곱셈식을 [ ]으로 나타냅니다.

4단계 문제 풀이 과정 (3점)

곱셈식 □×5=20을 □를 구하는 나눗셈식으로 나타내면

[ ]÷5=□입니다.

20÷5=4이고 □ 안에 들어갈 수는 [ ]이므로

㉠=[ ]이고, ㉡=[ ]으로 ㉠+㉡=[ ]+[ ]=[ ]입니다.

5단계 구하려는 답 (2점)

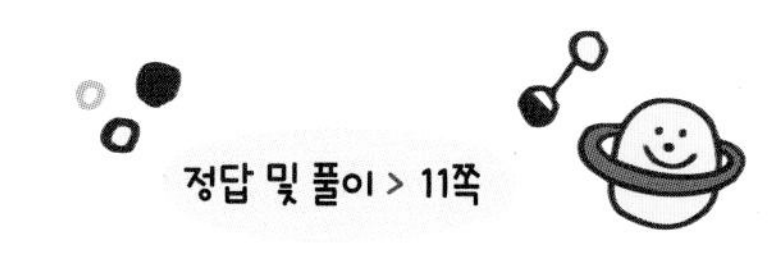

STEP 3 스스로 풀어보기

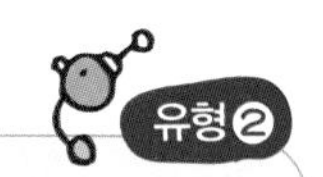

1. 어느 꽃집에 꽃이 7송이씩 5줄 있습니다. 이 꽃 5송이로 꽃다발 한 개를 만들 수 있다면 꽃을 남김없이 사용하여 만들 수 있는 꽃다발의 수는 모두 몇 개인지 풀이 과정을 쓰고, 답을 구하세요. (10점)

풀이

꽃이 한 줄에 7송이씩 5줄 있으므로 꽃의 수는 □×5=□(송이)입니다.

곱셈식을 나눗셈식으로 나타내면 □÷5=□이므로 꽃을 남김없이 사용하여 만들 수 있는 꽃다발의 수는 모두 □개입니다.

답 ______

2. 딸기가 한 접시에 5개씩 3개의 접시에 놓여 있습니다. 이 딸기를 다시 5개의 접시에 똑같이 나누어 담는다면 한 접시에 몇 개의 딸기를 담아야 하는지 풀이 과정을 쓰고, 답을 구하세요. (15점)

풀이

답 ______

곱셈식으로 나눗셈의 몫 구하기

STEP 1 대표 문제 맛보기

다음 나눗셈의 몫을 구할 때 필요한 곱셈식을 잘못 나타낸 것을 찾아 기호를 쓰려고 합니다. 풀이 과정을 쓰고, 답을 구하세요. (8점)

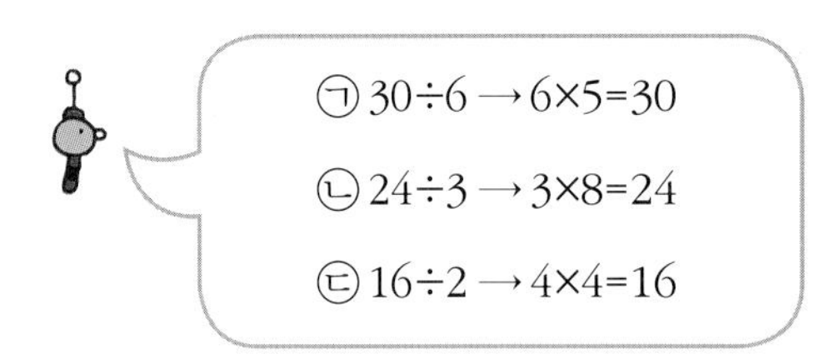

1단계 알고 있는 것 (1점)
㉠ 30÷□ → □×5=30 ㉡ 24÷□ → □×8=24
㉢ 16÷2 → □×4=16

2단계 구하려는 것 (1점)
나눗셈의 몫을 구할 때 필요한 곱셈식을 (바르게 , 잘못) 나타낸 것을 찾아 기호를 쓰려고 합니다.

3단계 문제 해결 방법 (2점)
나누는 수와 곱해서 나누어지는 수가 되는 (곱셈식 , 나눗셈식)을 찾습니다.

4단계 문제 풀이 과정 (3점)
㉠ 30 ÷ 6에서 6과 곱해서 30이 되는 수는 □이므로 곱셈식으로 나타내면 6 × □ = 30
㉡ 24 ÷ 3에서 3과 곱해서 24가 되는 수는 □이므로 곱셈식으로 나타내면 3 × □ = 24
㉢ 16 ÷ 2에서 2와 곱해서 16이 되는 수는 □이므로 곱셈식으로 나타내면 2 × □ = 16

5단계 구하려는 답 (1점)
따라서 나눗셈의 몫을 구할 때 필요한 곱셈식을 잘못 나타낸 것은 □입니다.

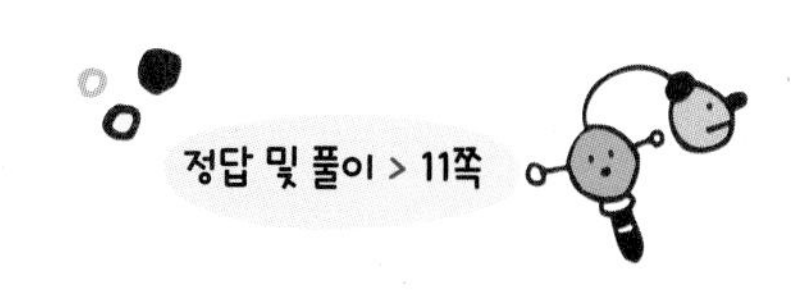

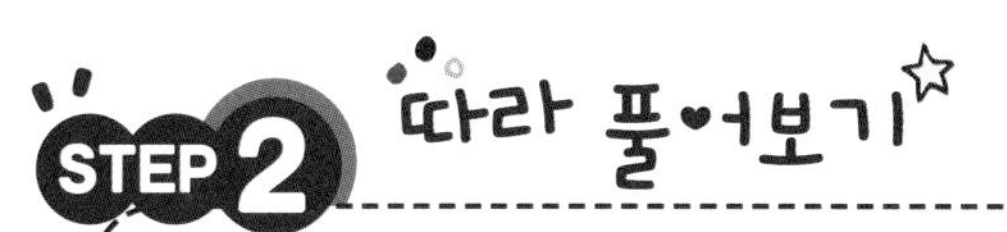

다음 중 곱셈식을 이용하여 몫을 구했을 때 몫이 같은 것을 찾아 기호로 쓰려고 합니다.
풀이 과정을 쓰고, 답을 구하세요. (9점)

㉠ 81÷9 ㉡ 72÷9 ㉢ 27÷3 ㉣ 42÷6

1단계 알고 있는 것 (1점)

㉠ ☐÷9 ㉡ 72÷☐ ㉢ 27÷☐ ㉣ ☐÷6

2단계 구하려는 것 (1점)

곱셈식을 이용하여 몫을 구했을 때 몫이 (같은 , 다른) 것을 찾아 기호로 쓰려고 합니다.

3단계 문제 해결 방법 (2점)

나누는 수와 곱해서 나누어지는 수가 되는 (곱셈식 , 나눗셈식)을 찾습니다.

4단계 문제 풀이 과정 (3점)

㉠ 81÷9에서 9와 곱해서 81이 되는 수는 ☐이므로 곱셈식으로 나타내면 9×☐=81이고 81÷9의 몫은 ☐입니다.
㉡ 72÷9에서 9와 곱해서 72가 되는 수는 ☐이므로 곱셈식으로 나타내면 9×☐=72이고 72÷9의 몫은 ☐입니다.
㉢ 27÷3에서 3과 곱해서 27이 되는 수는 ☐이므로 곱셈식으로 나타내면 3×☐=27이고 27÷3의 몫은 ☐입니다.
㉣ 42÷6에 6과 곱해서 42가 되는 수는 ☐이므로 곱셈식으로 나타내면 6×☐=42이고 42÷6의 몫은 ☐입니다.

5단계 구하려는 답 (2점)

STEP 3 스스로 풀어보기

유형❸

1. 수빈이네 반에서 모둠 활동을 하려고 합니다. 수빈이네 반 학생 24명이 6모둠으로 나누어 활동한다면 한 모둠의 학생 수는 몇 명인지 나눗셈의 몫을 곱셈식을 이용하여 구하려고 합니다. 풀이 과정을 쓰고, 답을 구하세요. (10점)

풀이

한 모둠의 학생 수를 나눗셈으로 나타내면 24÷☐입니다.

6과 곱해서 24가 되는 수는 ☐이므로 곱셈식으로 나타내면 6×☐=☐입니다.

따라서 24÷6의 몫은 ☐이므로 한 모둠의 학생 수는 ☐명입니다.

답

2. 동물원에 원숭이가 18마리 있습니다. 이 원숭이를 6마리씩 한 우리에 넣으려고 합니다. 원숭이를 넣기 위한 우리는 모두 몇 개가 필요한지 나눗셈의 몫을 곱셈식을 이용하여 구하려고 합니다. 풀이 과정을 쓰고, 답을 구하세요. (15점)

풀이

답

곱셈구구로 나눗셈의 몫 구하기

정답 및 풀이 > 12쪽

STEP 1 대표 문제 맛보기

사과 20개를 4명이 똑같이 나누어 가지려고 합니다. 한 사람이 몇 개의 사과를 갖게 되는지 나눗셈의 몫을 곱셈구구를 이용해서 구하려고 합니다. 풀이 과정을 쓰고, 답을 구하세요. (8점)

1단계 알고 있는 것 (1점)

사과의 수 : ☐ 개

나누어 가질 사람의 수 : ☐ 명

2단계 구하려는 것 (1점)

한 사람이 몇 개의 사과를 갖게 되는지 나눗셈의 몫을 ☐ 를 이용해서 구하려고 합니다.

3단계 문제 해결 방법 (2점)

주어진 문제를 나눗셈으로 표현한 뒤, 나누는 수의 단 ☐ 로 몫을 구합니다.

4단계 문제 풀이 과정 (3점)

(한 사람이 가질 사과의 수)=(전체 사과 수)÷(사람 수)

=☐÷☐ 입니다.

나누는 수가 4이므로 ☐ 의 단 곱셈구구에서 곱이 20인 곱셈식은

4×☐=20이므로 20÷4=☐ 입니다.

5단계 구하려는 답 (1점)

따라서 한 사람이 가질 사과의 수는 ☐ 개입니다.

STEP 2 따라 풀어보기

수민이네 학교에서는 부산으로 수학여행을 가기로 했습니다. 수민이네 반 학생 수는 28명이고 7명씩 한 방을 사용하려고 합니다. 수민이네 반 친구들이 모두 방에 들어가려면 필요한 방의 수는 몇 개인지 나눗셈의 몫을 곱셈구구를 이용하여 구하려고 합니다. 풀이 과정을 쓰고, 답을 구하세요. (9점)

1단계 알고 있는 것 (1점)

수민이네 반 학생 수 : ☐ 명

한 방에 들어가는 학생 수 : ☐ 명

2단계 구하려는 것 (1점)

수민이네 반 친구들이 모두 방에 들어가기 위해서 필요한 ☐ 의 수가 몇 개인지 구하려고 합니다.

3단계 문제 해결 방법 (2점)

주어진 문제를 나눗셈으로 표현한 뒤, 나누는 수의 단 ☐ 로 몫을 구합니다.

4단계 문제 풀이 과정 (3점)

(필요한 방의 수) = (전체 학생 수) ÷ (한 방에 들어가는 학생 수)

= ☐ ÷ ☐

나누는 수가 7이므로 7의 단 곱셈구구에서 곱이 ☐ 인 곱셈식은 7 × ☐ = ☐ 이므로 28 ÷ 7 = ☐ 입니다.

5단계 구하려는 답 (1점)

STEP 3 스스로 풀어보기

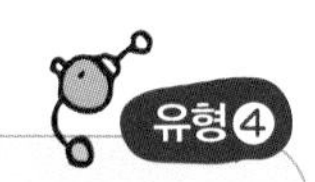

1. 한 음식점에서 달걀찜을 하려고 합니다. 달걀찜을 만들기 위해서는 달걀이 4개 필요하고 현재 이 음식점에는 달걀이 36개 있다고 합니다. 몇 개의 달걀찜을 만들 수 있는지 나눗셈의 몫을 곱셈구구를 이용해서 구하려고 합니다. 풀이 과정을 쓰고, 답을 구하세요. (10점)

풀이

(만들 수 있는 달걀찜의 수)=(전체 달걀 수)÷(달걀찜 한 개를 만드는 데 필요한 달걀의 수)

=36÷☐ 입니다.

나누는 수가 ☐ 이므로 ☐ 의 단 곱셈구구에서 곱이 36인 곱셈식은

4×☐ =36이므로 36÷4= ☐ 입니다.

따라서 ☐ 개의 달걀찜을 만들 수 있습니다.

답 ____________

2. ○○초등학교에서 동창회를 한다고 합니다. 동창회에 참석하는 사람은 모두 40명이고 한 식탁에는 5명씩 앉을 수 있습니다. 빈자리 없이 모두 앉으려면 식탁이 몇 개 필요한지 나눗셈의 몫을 곱셈구구를 이용해서 구하려고 합니다. 풀이 과정을 쓰고, 답을 구하세요. (15점)

답 ____________

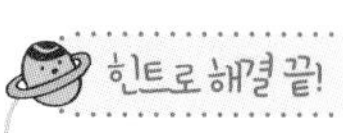

바나나가 8개씩 4줄 있습니다. 이 바나나를 한 바구니에 4개씩 똑같이 나누어 담는다면 필요한 바구니 수는 몇 개인지 풀이 과정을 쓰고, 답을 구하세요. (20점)

바나나의 수를 먼저 구해요.

곱셈과 나눗셈의 관계를 생각해요.

풀이

(바나나 수)÷4=(바구니 수)

답

힌트로 해결 끝!

수찬이와 친구들이 종이접기를 하려고 합니다. 색종이 16장을 남김없이 2장씩 나누어 가졌다면 모두 몇 명이 종이접기를 한 것인지 나눗셈의 몫을 곱셈구구로 구하려고 합니다. 풀이 과정을 쓰고, 답을 구하세요. (20점)

나누는 수의 단 곱셈구구로 곱셈식을 만들고 몫을 구해요.

답

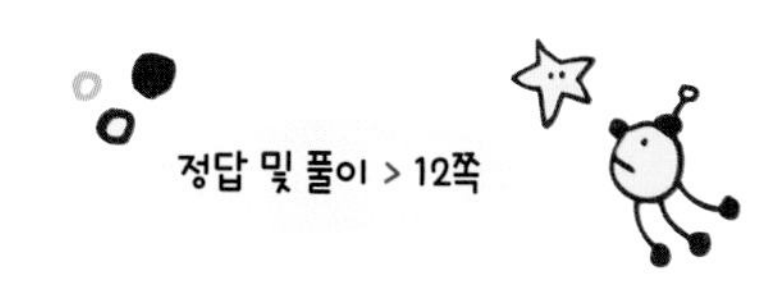

3

창의융합

1부터 9까지의 자연수 중에서 □ 안에 공통으로 들어갈 수 있는 자연수는 무엇인지 구하려고 합니다. 풀이 과정을 쓰고, 답을 구하세요. (20점)

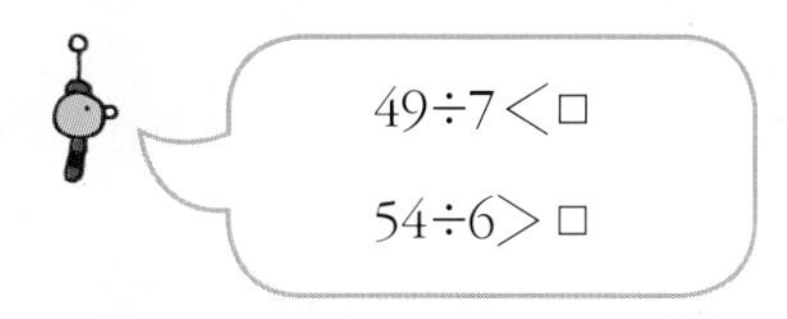

$49 \div 7 < \square$

$54 \div 6 > \square$

풀이

답

4

생활수학

인영이가 가지고 있는 붙임딱지 판은 모두 100개의 붙임딱지를 붙일 수 있습니다. 지금까지 붙인 붙임딱지가 64개일 때 나머지 빈 곳에는 매일 6개씩 붙임딱지를 붙이려고 합니다. 빈 곳에 붙임딱지를 다 붙이기 위해 걸리는 날수를 □일이라 하여 곱셈과 나눗셈의 관계를 이용하여 구하려고 합니다. 풀이 과정을 쓰고, 답을 구하세요. (20점)

곱셈식을 이용해 나눗셈식을 만들어요.

풀이

답

거꾸로 풀며 나만의 문제를 완성해 보세요.

정답 및 풀이 > 13쪽

다음은 주어진 수와 낱말과 조건을 활용해서 만든 문제를 보고 풀이 과정과 답을 구한 것입니다. 어떤 문제였을까요? 거꾸로 문제 만들기 도전해 볼까요? (15점)

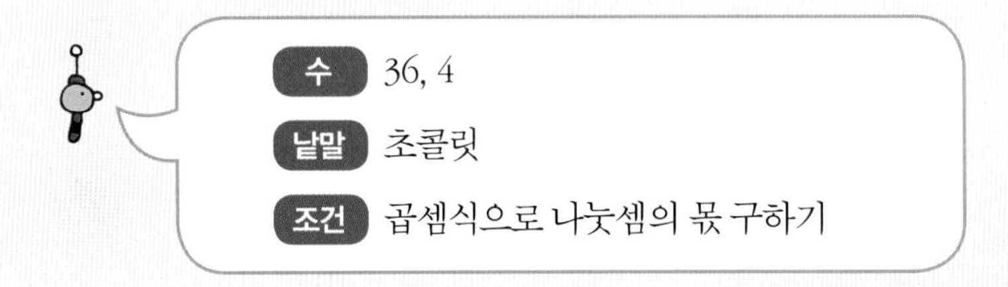

★ 힌트 ★
한 명에게 나누어줄 초콜릿 수를 구하는 질문을 만들어요.

문제

풀이

초콜릿 36개를 4사람에게 똑같이 나누어줄 때 한 사람이 가질 수 있는 초콜릿의 수는 36÷4로 구합니다. 4×9=36이므로 36÷4=9입니다.
따라서 한 사람이 가질 수 있는 초콜릿의 수는 9개입니다.

답 9개

4. 곱셈

(몇십)×(몇)

STEP 1 대표 문제 맛보기

곱셈식을 이용하여 수 모형이 나타내는 수를 구하려고 합니다. 풀이 과정을 쓰고, 답을 구하세요. (8점)

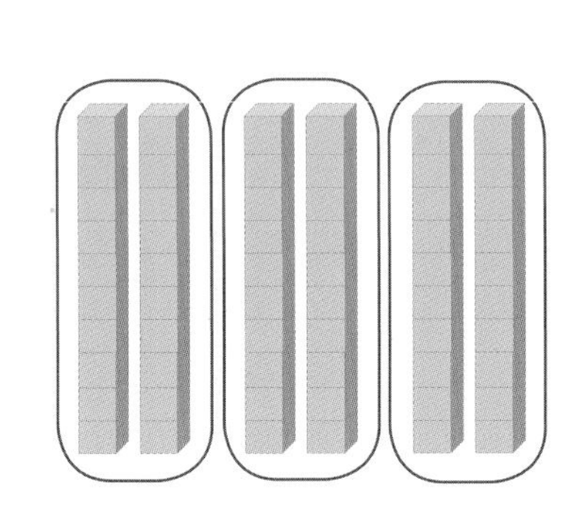

1단계 알고 있는 것 (1점)

한 묶음의 수 모형의 개수 : ☐개

묶음의 수 : ☐묶음

2단계 구하려는 것 (1점)

수 모형이 나타내는 ☐를 구하려고 합니다.

3단계 문제 해결 방법 (2점)

한 묶음이 나타내는 수에 묶음의 수를 (곱합니다 , 나눕니다).

4단계 문제 풀이 과정 (3점)

한 묶음에 십 모형이 2개이므로 (한 묶음의 수) = ☐입니다.

(묶음의 수) = ☐묶음이므로

(수 모형이 나타내는 수) = (한 묶음의 수) × (묶음의 수)

= ☐ × ☐ = ☐입니다.

5단계 구하려는 답 (1점)

따라서 곱셈식으로 나타내면 수 모형이 나타내는 수는 ☐입니다.

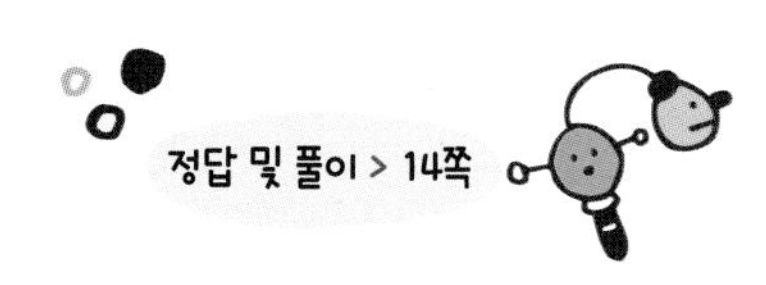

STEP 2 따라 풀어보기

지은이는 알뜰 장터에서 달걀을 팔았습니다. 지은이가 판 달걀 한 판의 달걀 수는 10개이고 모두 8판을 팔았습니다. 곱셈식을 이용하여 지은이가 알뜰 장터에서 판 달걀은 모두 몇 개인지 구하려고 합니다. 풀이 과정을 쓰고, 답을 구하세요. (9점)

1단계 알고 있는 것 (1점)

한 판의 달걀 수 : ☐ 개

지은이가 판 달걀 판 수 : ☐ 판

2단계 구하려는 것 (1점)

지은이가 알뜰 장터에서 판 ☐ 의 수를 구하려고 합니다.

3단계 문제 해결 방법 (2점)

한 판의 달걀 수에 판 달걀의 판의 수를 (곱합니다 , 나눕니다).

4단계 문제 풀이 과정 (3점)

한 판의 달걀 수는 10개이고 판 달걀의 판의 수는 8판이므로

(판 달걀의 수) = (한 판의 ☐ 수) × (판 달걀의 판의 수)

= ☐ × ☐

= ☐ (개)입니다.

5단계 구하려는 답 (2점)

정답 및 풀이 > 14쪽

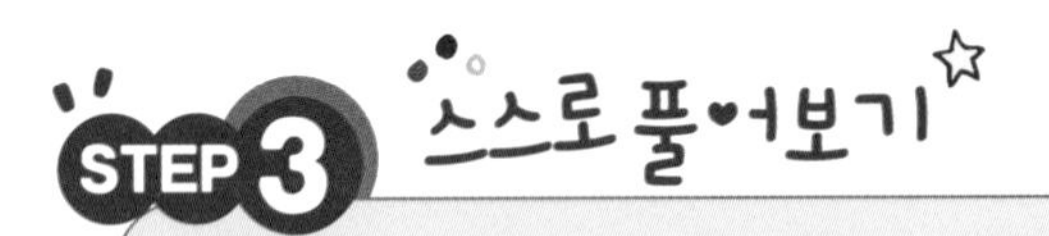

1. 어떤 수를 8로 나누었더니 20이 되었습니다. 어떤 수를 구하는 풀이 과정을 쓰고, 답을 구하세요. (10점)

풀이

어떤 수를 □라 하면 □ ÷ [ ] = [ ] 이므로 곱셈과 나눗셈의 관계에 따라

[ ] × 8 = □이고 □ = [ ] 입니다. 따라서 어떤 수는 [ ] 입니다.

답 ______________________

2. 어떤 수를 5로 나누었더니 40이 되었습니다. 어떤 수를 구하는 풀이 과정을 쓰고, 답을 구하세요. (15점)

풀이

답 ______________________

올림이 없는 (몇십몇)×(몇)

정답 및 풀이 > 14쪽

STEP 1 대표 문제 맛보기

한 봉지에 귤이 23개씩 3봉지 있습니다. 곱셈식을 이용하여 귤의 수는 모두 몇 개인지 구하는 풀이 과정을 쓰고, 답을 구하세요. (8점)

1단계 알고 있는 것 (1점)

한 봉지의 귤의 수 : ☐ 개

봉지의 수 : ☐ 봉지

2단계 구하려는 것 (1점)

☐ 의 수는 모두 몇 개인지 구하려고 합니다.

3단계 문제 해결 방법 (2점)

한 봉지의 귤의 수에 봉지 수를 (곱합니다 , 나눕니다).

4단계 문제 풀이 과정 (3점)

(전체 귤의 수) = (한 봉지의 귤의 수) × (봉지의 수)

= ☐ × ☐ = ☐ (개)

5단계 구하려는 답 (1점)

따라서 귤의 수는 모두 ☐ 개입니다.

어느 문구점에서 팔고 있는 연필의 수는 4타입니다. 곱셈식을 이용하여 이 문구점에서 팔고 있는 연필의 수를 구하려고 합니다. 풀이 과정을 쓰고, 답을 구하세요. (단, 연필 한 타는 12자루입니다.) (9점)

1단계 알고 있는 것 (1점)

팔고 있는 연필의 수 : ☐ 타

연필 한 타의 수 : ☐ 자루

2단계 구하려는 것 (1점)

이 문구점에서 팔고 있는 ☐ 의 수를 구하려고 합니다.

3단계 문제 해결 방법 (2점)

연필 한 타의 연필 수에 연필의 타수를 (곱합니다 , 나눕니다).

4단계 문제 풀이 과정 (3점)

(팔고 있는 연필의 수) = (한 타의 연필 수) × (연필의 타수)

= ☐ × ☐ = ☐ (자루)입니다.

5단계 구하려는 답 (2점)

정답 및 풀이 > 14쪽

1. 다음 □ 안에 들어갈 수 있는 자연수는 모두 몇 개인지 풀이 과정을 쓰고, 답을 구하세요. (10점)

$21\times2<\square<12\times4$

풀이

□ × 2 = □ 이고, □ × 4 = □ 이므로 □ < □ < □ 입니다.

따라서 □ 안에 들어갈 수 있는 자연수는 □, 44, 45, □, □(으)로

모두 □ 개입니다.

답

2. 다음 □ 안에 들어갈 수 있는 자연수는 모두 몇 개인지 구하려고 합니다. 풀이 과정을 쓰고, 답을 구하세요. (15점)

$43\times2<\square<33\times3$

풀이

답

올림이 한 번 있는 (몇십몇)×(몇)

다음 중 계산 결과가 가장 작은 것을 골라 기호로 쓰려고 합니다. 풀이 과정을 쓰고, 답을 구하세요. (8점)

㉠ 14×6 ㉡ 15×3 ㉢ 13×7 ㉣ 16×4

1단계 알고 있는 것 (1점) ㉠ 14×□ ㉡ □×3 ㉢ 13×□ ㉣ □×4

2단계 구하려는 것 (1점) 계산 결과가 가장 (큰 , 작은) 것을 골라 기호로 쓰려고 합니다.

3단계 문제 해결 방법 (2점) 일의 자리에서 (올림 , 버림)하여 계산합니다.

4단계 문제 풀이 과정 (3점) ㉠ 14 × 6 = □ ㉡ 15 × 3 = □ ㉢ 13 × 7 = □

㉣ 16 × 4 = □

계산의 결과를 비교하면 □ < □ < □ < □ 입니다.

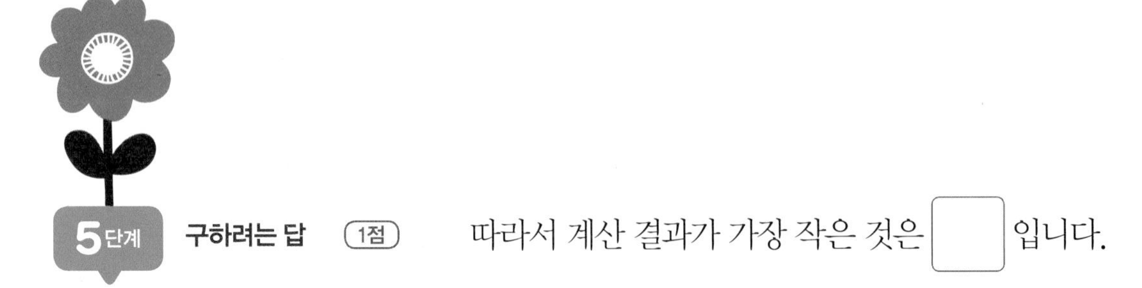

5단계 구하려는 답 (1점) 따라서 계산 결과가 가장 작은 것은 □ 입니다.

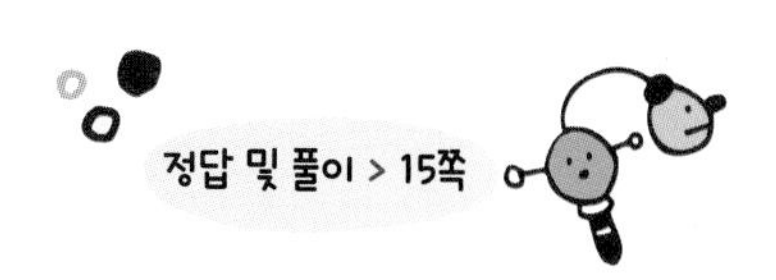

STEP 2 따라 풀어보기

전자제품 매장에서 하루에 제품을 32대씩 4일 동안 팔았습니다. 곱셈식을 이용하여 이 매장에서 4일 동안 판 제품의 수를 구하려고 합니다. 풀이 과정을 쓰고, 답을 구하세요. (9점)

1단계 알고 있는 것 (1점)

하루에 판 제품의 수 : ☐ 대

제품을 판 기간 : ☐ 일

2단계 구하려는 것 (1점)

매장에서 ☐ 일 동안 판 제품의 수를 구하려고 합니다.

3단계 문제 해결 방법 (2점)

하루에 판 제품의 수와 판 날수를 (곱합니다 , 나눕니다).

4단계 문제 풀이 과정 (3점)

(4일 동안 판 제품의 수) = (하루에 판 제품의 수) × (판 날수)

= ☐ × ☐ = ☐ (대)

5단계 구하려는 답 (2점)

---

123 이것만 알면 문제 해결 OK!

(몇십몇)×(몇)의 계산 알아보기 (1)

☆ 일의 자리에서 십의 자리로 올림

$$\begin{array}{r} 2\ 4 \\ \times\quad 3 \\ \hline 1\ 2 \\ 6\ 0 \\ \hline 7\ 2 \end{array} \qquad \begin{array}{r} {\scriptstyle 1}\quad \\ 2\ 4 \\ \times\quad 3 \\ \hline 7\ 2 \end{array}$$

☆ 십의 자리에서 백의 자리로 올림

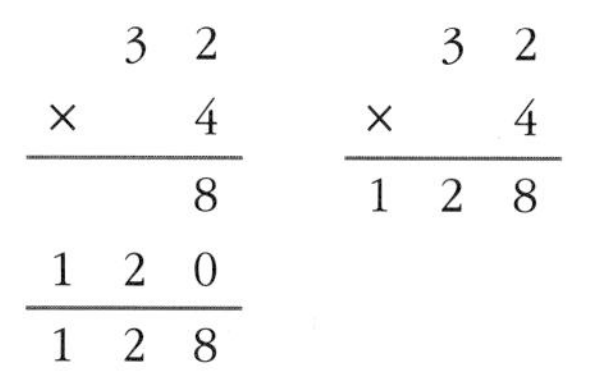

$$\begin{array}{r} 3\ 2 \\ \times\quad 4 \\ \hline 8 \\ 1\ 2\ 0 \\ \hline 1\ 2\ 8 \end{array} \qquad \begin{array}{r} 3\ 2 \\ \times\quad 4 \\ \hline 1\ 2\ 8 \end{array}$$

STEP 3 스스로 풀어보기

1. 수정이가 가지고 있는 클립은 14개씩 3상자이고, 형주가 가지고 있는 클립은 41개씩 4상자입니다. 두 사람이 가지고 있는 클립은 모두 몇 개인지 풀이 과정을 쓰고, 답을 구하세요. (10점)

풀이

수정이가 가지고 있는 클립의 수는 [ ] × 3 = [ ] (개)이고 형주가 가지고 있는 클립의 수는 [ ] × 4 = [ ] (개)이므로 두 사람이 가지고 있는 클립은 모두 [ ] + [ ] = [ ] (개)입니다.

답 ______

2. 마트에 진열되어 있는 옥수수는 한 줄에 31개씩 4줄이고, 호박은 23개씩 4줄입니다. 마트에 진열되어 있는 옥수수와 호박은 모두 몇 개인지 풀이 과정을 쓰고, 답을 구하세요. (15점)

풀이

답 ______

올림이 여러 번 있는 (몇십몇)×(몇)

정답 및 풀이 > 15쪽

STEP 1 대표 문제 맛보기

나연이와 주성이가 일주일 동안 한자를 외우기로 하였습니다. 나연이는 매일 28자씩 6일 동안 한자를 외웠고 주성이는 일주일 중 2일은 쉬고 나머지 날은 32자씩 한자를 외웠습니다. 나연이와 주성이 중 한자를 누가 몇 자 더 많이 외웠는지 풀이 과정을 쓰고, 답을 구하세요. (8점)

1단계 알고 있는 것 (1점)

나연 : 매일 ☐ 자씩 ☐ 일 동안 외웠습니다.

주성 : 일주일 중 2일은 쉬고 나머지 날은 ☐ 자씩 외웠습니다.

2단계 구하려는 것 (1점)

나연이와 주성이 중 한자를 누가 몇 글자 더 (많이 , 적게) 외웠는지 구하려고 합니다.

3단계 문제 해결 방법 (2점)

두 사람이 각각 외운 한자 수는 하루에 외운 글자 수에 외운 날수를 (곱합니다 , 나눕니다).

4단계 문제 풀이 과정 (3점)

(나연이가 외운 한자 수) = 28 × 6 = ☐ (자)입니다.

주성이는 일주일 중 2일을 쉬었으므로 주성이가 외운 날수는 7 − 2 = ☐ (일)이고, (주성이가 외운 한자 수) = 32 × ☐ = ☐ (자)이고, ☐ > ☐ 이므로 ☐ − 160 = ☐ 입니다.

5단계 구하려는 답 (1점)

따라서 ☐ 이가 ☐ 자 더 많이 외웠습니다.

STEP 2 따라 풀어보기

한 상자에 75개씩 들어 있는 초콜릿을 5상자 사서 그중 18개를 먹었습니다. 남아 있는 초콜릿은 몇 개인지 풀이 과정을 쓰고, 답을 구하세요. (9점)

1단계 알고 있는 것 (1점)

한 상자에 들어 있는 초콜릿 수 : ☐ 개

산 상자의 수 : ☐ 상자　　먹은 초콜릿 수 : ☐

2단계 구하려는 것 (1점)

남아 있는 ☐ 의 수를 구하려고 합니다.

3단계 문제 해결 방법 (2점)

한 상자의 초콜릿 수와 산 상자의 수를 (곱한 , 나눈) 후 먹은 수를 (더합니다 , 뺍니다).

4단계 문제 풀이 과정 (3점)

(전체 초콜릿의 수) = (한 상자에 들어 있는 초콜릿의 수) × (산 상자의 수)

= ☐ × ☐ = ☐ (개)

(남아 있는 초콜릿의 수) = ☐ − (먹은 초콜릿의 수)

= ☐ − ☐ = ☐ (개)

5단계 구하려는 답 (2점)

---

123 이것만 알면 문제 해결 OK!

(몇십몇)×(몇)의 계산 알아보기 (2)

$$\begin{array}{r} 37 \\ \times\ \ 9 \\ \hline 63 \\ 270 \\ \hline 333 \end{array} \qquad \begin{array}{r} {}^{6}\ \ \\ 37 \\ \times\ \ 9 \\ \hline 333 \end{array}$$

- ✿ 일의 자리에서 십의 자리로 올림한 것을 십의 자리 위에 작게 씁니다.
- ✿ 십의 자리를 계산할 때 일의 자리에서 올림한 것을 더합니다.
- ✿ 십의 자리에서 백의 자리로 올림한 것은 계산 결과 부분에 바로 씁니다.

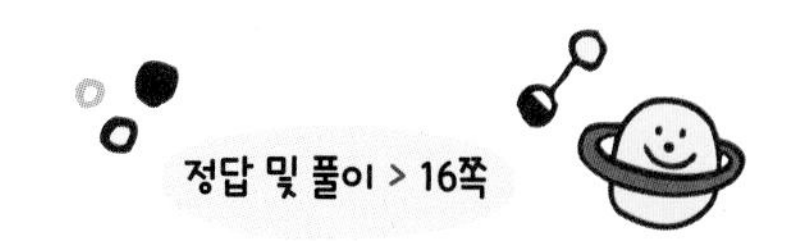

STEP 3 스스로 풀어보기

1. 어느 초등학교에서 소풍을 떠나기로 했습니다. 버스를 타고 소풍 장소로 가려고 하는데 이 버스 한 대에는 기사님을 제외하고 35명이 탈 수 있습니다. 버스 4대에 빈자리 없이 모두 탑승했다면, 소풍을 가는 사람은 모두 몇 명인지 풀이 과정을 쓰고, 답을 구하세요. (10점)

풀이

버스 한 대에는 기사님을 제외한 □명이 탈 수 있고 모두 □대의 버스에 빈자리 없이 탔으므로 소풍에 가는 사람의 수는 □ × □ = □(명)입니다.

답

2. 한 음원 사이트에서 음악을 한 번 들을 때마다 17원의 수익이 쌓인다고 합니다. 만약 이 음원 사이트에서 음악을 9번 들었다고 한다면 수익은 모두 얼마인지 풀이 과정을 쓰고, 답을 구하세요. (15점)

풀이

답

스스로 문제를 풀어보며 실력을 높여보세요.

1

수빈이는 지난주에 엄마와 함께 수산물 시장에 다녀왔습니다. 수산물 시장에서 오징어 3축과 조기 28손을 사왔다면 오징어와 조기 중 어느 것을 몇 마리 더 많이 사온 것인지 풀이 과정을 쓰고, 답을 구하세요. (한 축=20마리, 한 손=2마리) 20점

힌트로 해결 끝!
생선을 세는 단위
한 축=20마리
한 손=2마리
한 두름=20마리
한 뭇=10마리

답

2

기영이와 민철이가 구슬치기를 하고 있습니다. 기영이는 14개씩 7묶음의 구슬을 가지고 있고 민철이는 19개씩 6묶음의 구슬을 가지고 있을 때, 구슬의 수를 같게 하여 구슬치기를 하려면 누가 누구에게 몇 개를 주어야 하는지 풀이 과정을 쓰고, 답을 구하세요. 20점

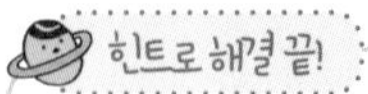

더 가진 것의 반만큼을 주어야 서로 가진 것의 수가 같아져요.

답

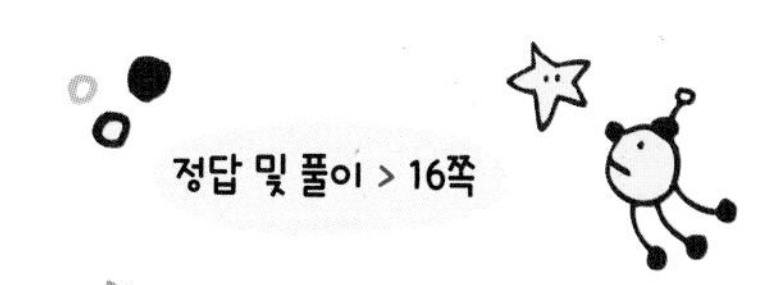

생활수학

햇빛 양계장과 별빛 양계장이 있습니다. 햇빛 양계장에서는 하루에 달걀이 32개가 나오고, 별빛 양계장에서는 하루에 44개가 나온다고 합니다. 두 양계장에서 3일 동안 나온 달걀의 수의 합은 몇 개인지 풀이 과정을 쓰고, 답을 구하세요. (20점)

또는 두 양계장에서 나오는 달걀의 수를 먼저 더해요.

풀이

답

창의융합

다음은 민정이네 반 각 모둠의 학생 수를 나타낸 그림그래프입니다. 학생 한 명이 매달 모으는 재활용품의 무게가 12 kg이라면 민정이네 반 학생들이 한 달 동안 모으는 재활용품의 무게는 모두 몇 kg인지 풀이 과정을 쓰고, 답을 구하세요. (kg은 무게의 단위로 킬로그램이라 읽습니다.) (20점)

(민정이네 반 모둠별 학생 수)

모둠	학생 수
㉮	● •
㉯	● • • • •
㉰	● • • •

● : 5명 • : 1명

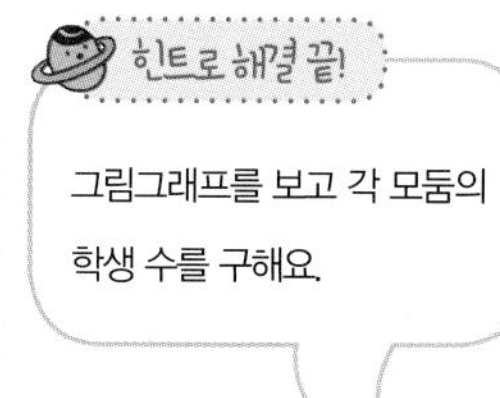

풀이

답

거꾸로 풀며 나만의 문제를 완성해 보세요.

정답 및 풀이 > 17쪽

다음은 수와 낱말, 조건을 활용해서 만든 어떤 문제를 보고 풀이 과정과 답을 구한 것입니다. 어떤 문제였을까요? 거꾸로 문제 만들기 도전해 볼까요? (15점)

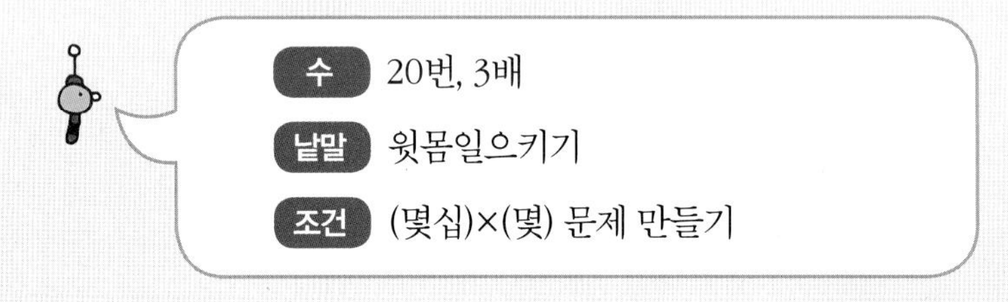

★힌트★
아버지의 윗몸일으키기 수를 구하는 질문을 만들어요

문제

풀이

(주하 아버지가 한 윗몸일으키기의 수)

=(주하가 한 윗몸일으키기의 수)×3=20×3=60(번)

따라서 주하 아버지가 한 윗몸일으키기는 60번입니다.

답 60번

5. 길이와 시간

유형1 1 cm보다 작은 단위

유형2 1 m보다 큰 단위

유형3 1분보다 작은 단위

유형4 시간의 덧셈과 뺄셈

☆ 1 cm보다 작은 단위

STEP 1 대표 문제 맛보기

하진이가 가지고 있는 볼펜의 길이는 173 mm라고 합니다. 이 볼펜의 길이는 몇 cm 몇 mm인지 풀이 과정을 쓰고, 답을 구하세요. (8점)

1단계 알고 있는 것 (1점)

하진이가 가지고 있는 볼펜의 길이 : □ mm

2단계 구하려는 것 (1점)

하진이가 가지고 있는 볼펜의 길이는 몇 □ 몇 □ 인지 구하려고 합니다.

3단계 문제 해결 방법 (2점)

10 □ =1 □ 입니다.

4단계 문제 풀이 과정 (3점)

10 □ = 1 □ 이므로

173 mm = □ mm + 3 mm

= □ cm + 3 mm = □ cm □ mm

5단계 구하려는 답 (1점)

따라서 하진이가 가지고 있는 볼펜의 길이는 □ cm □ mm 입니다.

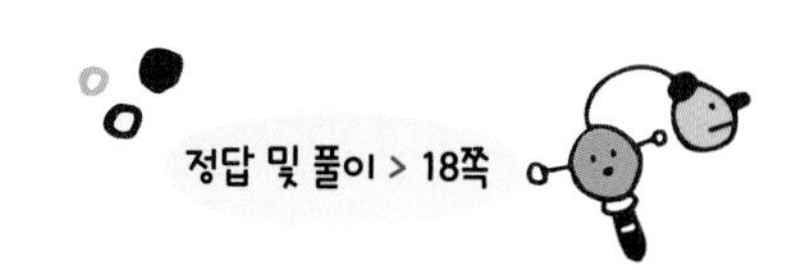

STEP 2 따라 풀어보기

빨대의 길이를 재어 보았더니 1 cm로 15번보다 4 mm 더 깁니다. 이 빨대의 길이는 몇 mm인지 풀이 과정을 쓰고, 답을 구하세요. (9점)

1단계 알고 있는 것 (1점) 빨대의 길이 : 1 cm로 ☐ 번보다 ☐ mm 더 깁니다.

2단계 구하려는 것 (1점) 빨대의 길이가 몇 (cm , mm) 인지 구하려고 합니다.

3단계 문제 해결 방법 (2점) 1 ☐ = 10 ☐ 입니다.

4단계 문제 풀이 과정 (3점)

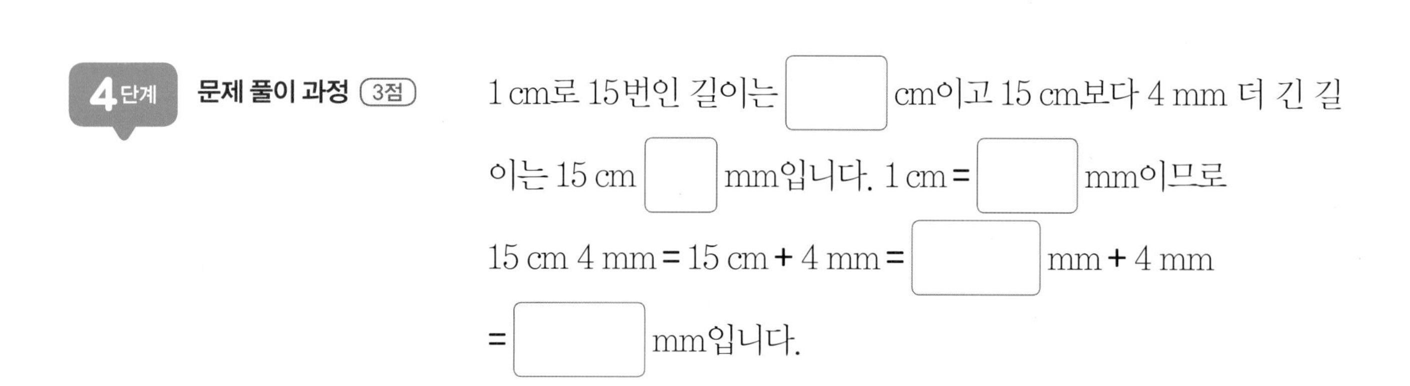

1 cm로 15번인 길이는 ☐ cm이고 15 cm보다 4 mm 더 긴 길이는 15 cm ☐ mm입니다. 1 cm = ☐ mm이므로

15 cm 4 mm = 15 cm + 4 mm = ☐ mm + 4 mm

= ☐ mm입니다.

5단계 구하려는 답 (2점) ____________________

1 cm보다 작은 단위

☆ 1 mm

- 1 cm를 똑같이 10으로 나눈 것 중 1 → 쓰기 : 1 mm 읽기 : 1 밀리미터

☆ 길이 단위 사이의 관계

- 1 cm=10 mm
- 1 cm보다 3 mm 더 긴 것 → 쓰기 : 1 cm 3 mm 읽기 : 1 센티미터 3 밀리미터

STEP 3 스스로 풀어보기

유형①

1. 현승이가 부모님의 심부름으로 마트에 갔습니다. 현승이의 부모님께서는 현승이에게 12 cm가 넘는 오이를 하나 사오라고 하셨습니다. 마트에 가서 오이의 길이를 재어보니 121 mm였습니다. 현승이는 이 오이를 살 수 있는지 없는지 풀이 과정을 쓰고, 답을 구하세요. (10점)

풀이

1 cm = ☐ mm이므로 현승이가 고른 오이의 길이는 121 mm = ☐ mm + 1 mm

= ☐ cm + ☐ mm = ☐ cm ☐ mm입니다.

☐ cm ☐ mm > ☐ cm이므로 이 오이를 살 수 (있습니다 , 없습니다).

답 ______________________

2. 성민이는 길이가 193 mm인 볼펜을 샀습니다. 볼펜을 필통에 넣으려고 하는데 성민이의 필통에는 19 cm 길이의 물건까지만 넣을 수 있습니다. 성민이는 새로 산 볼펜을 필통에 넣을 수 있는지 없는지 풀이 과정을 쓰고, 답을 구하세요. (15점)

풀이

답 ______________________

1 m보다 큰 단위

정답 및 풀이 > 18쪽

상훈이가 도서관에 가려고 합니다. 집에서 도서관까지의 거리가 1 km 100 m일 때, 집에서 도서관까지의 거리는 몇 m인지 풀이 과정을 쓰고, 답을 구하세요. (8점)

1단계 알고 있는 것 (1점)　집에서 도서관까지의 거리 : □ km □ m

2단계 구하려는 것 (1점)　집에서 도서관까지의 거리가 몇 (m , km)인지 구하려고 합니다.

3단계 문제 해결 방법 (2점)　1 □ = □ m입니다.

4단계 문제 풀이 과정 (3점)　1 □ = □ m이므로

1 km 100 m = □ km + □ m

= □ m + 100 m = □ m입니다.

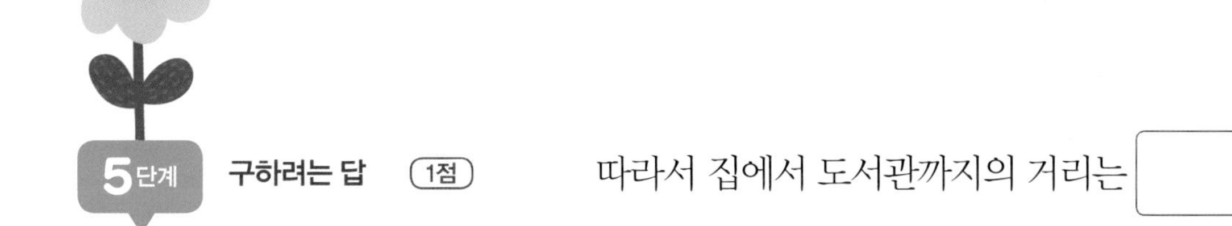

5단계 구하려는 답 (1점)　따라서 집에서 도서관까지의 거리는 □ m입니다.

설악산의 높이는 1 km 708 m라고 합니다. 설악산의 높이는 몇 m인지 풀이 과정을 쓰고, 답을 구하세요. (9점)

1단계 알고 있는 것 (1점) 설악산의 높이 : ☐ km ☐ m

2단계 구하려는 것 (1점) 설악산의 높이가 몇 ☐ 인지 구하려고 합니다.

3단계 문제 해결 방법 (2점) 1 ☐ = ☐ m입니다.

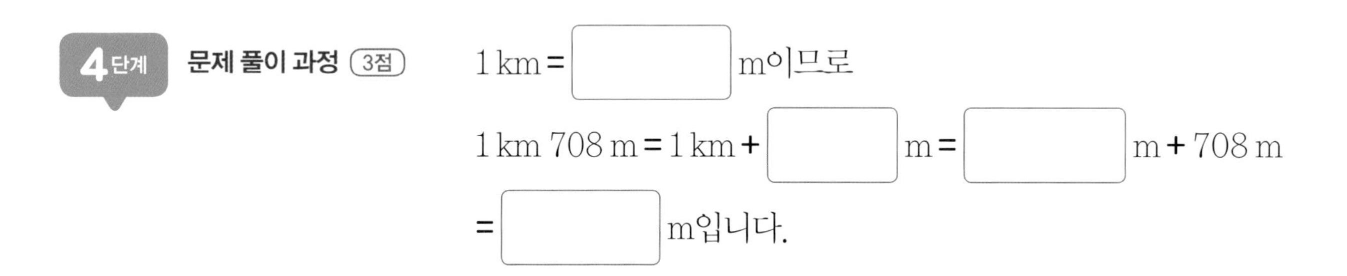

4단계 문제 풀이 과정 (3점) 1 km = ☐ m이므로

1 km 708 m = 1 km + ☐ m = ☐ m + 708 m

= ☐ m입니다.

5단계 구하려는 답 (2점)

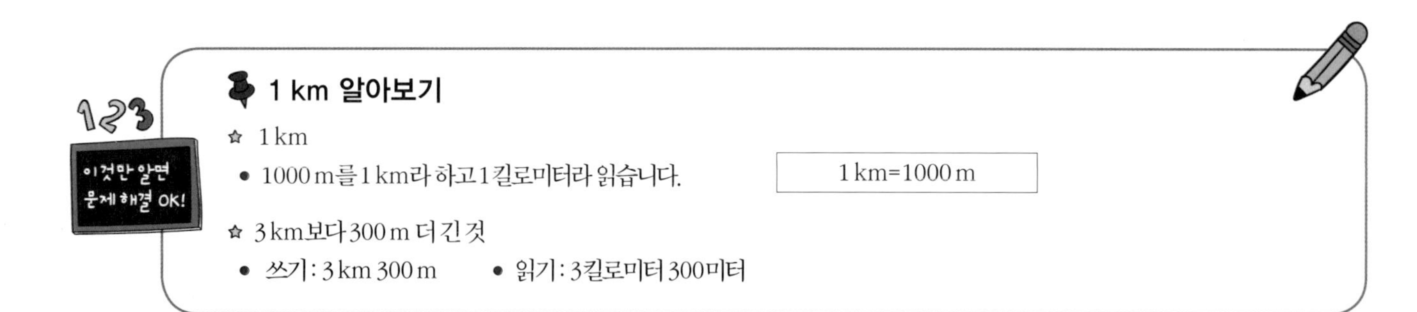

1 km 알아보기

이것만 알면 문제 해결 OK!

☆ 1 km

- 1000 m를 1 km라 하고 1 킬로미터라 읽습니다.

1 km=1000 m

☆ 3 km보다 300 m 더 긴 것

- 쓰기 : 3 km 300 m
- 읽기 : 3 킬로미터 300 미터

STEP 3 스스로 풀어보기

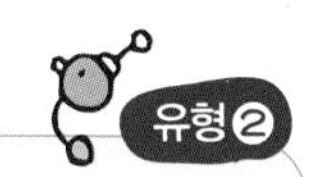

1. 희진이가 가족들과 함께 집에서부터 8750 m 떨어져 있는 동물원에 가려고 합니다. 희진이의 집에서 동물원까지의 거리는 몇 km 몇 m인지 풀이 과정을 쓰고, 답을 구하세요. (10점)

1000 m = 1 km이므로 □ m = □ m + 750 m

= □ km + □ m입니다.

따라서 희진이의 집에서 동물원까지의 거리는 □ km □ m입니다.

답

2. 이진이와 친구들은 산 입구에서 3210 m 떨어진 산장까지 올라가서 잠시 쉬었다가 산 정상까지 가기로 하였습니다. 산 입구에서 산장까지 몇 km 몇 m를 올라가야 하는지 풀이 과정을 쓰고, 답을 구하세요. (15점)

답

1분보다 작은 단위

STEP 1 대표 문제 맛보기

어떤 노래를 한 번 다 듣는 데 3분 41초가 걸린다고 합니다. 이 노래를 한 번 다 듣는 데 걸리는 시간은 몇 초인지 풀이 과정을 쓰고, 답을 구하세요. (8점)

1단계 알고 있는 것 (1점) 어떤 노래를 한 번 다 듣는 데 걸리는 시간 : ☐분 ☐초

2단계 구하려는 것 (1점) 이 노래를 한 번 다 듣는 데 걸리는 시간은 몇 (분 , 초)인지 구하려고 합니다.

3단계 문제 해결 방법 (2점) 1분=☐초임을 이용합니다.

4단계 문제 풀이 과정 (3점) 1분 = ☐초이고 3분 = ☐ × 3 = ☐초이므로
3분 41초 = ☐분 + 41초 = ☐초 + 41초 = ☐초
입니다.

5단계 구하려는 답 (1점) 따라서 이 노래를 한 번 다 듣는 데 걸리는 시간은 ☐초입니다.

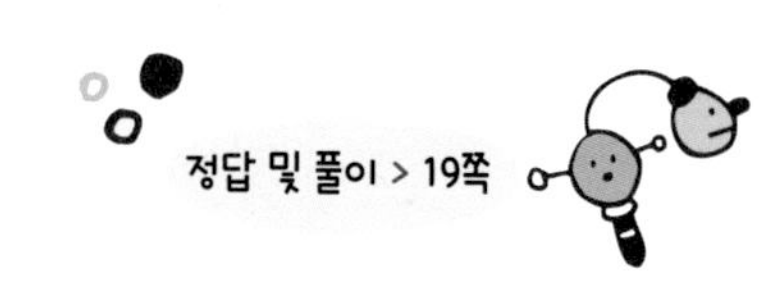
정답 및 풀이 > 19쪽

STEP 2 따라 풀어보기

세희는 1 km 달리기에서 7분 19초의 기록을 세웠습니다. 세희의 기록은 몇 초인지 풀이 과정을 쓰고, 답을 구하세요. (9점)

1단계 알고 있는 것 (1점) 세희가 1 km 달리기에서 기록한 시간 : □분 □초

2단계 구하려는 것 (1점) 세희의 기록은 몇 □인지 구하려고 합니다.

3단계 문제 해결 방법 (2점) 1분 = □초임을 이용합니다.

4단계 문제 풀이 과정 (3점) 1분 = □초이고 7분은 □ × 7 = □초이므로

7분 19초 = □분 + 19초 = □초 + 19초

= □초입니다.

5단계 구하려는 답 (2점)

1초 알아보기

☆ 초바늘이 시계의 작은 눈금 한 칸을 움직이는 데 걸리는 시간 60초=1분

정답 및 풀이 > 19쪽

STEP 3 스스로 풀어보기

1. 학교에서 UCC 만들기 대회가 열렸습니다. 대회에 참가할 UCC 영상은 300초가 넘지 않는 길이여야 한다고 합니다. 이 영상은 몇 분이 넘으면 안되는지 풀이 과정을 쓰고, 답을 구하세요. (10점)

풀이

60초= ☐ 분입니다.

300초= ☐ 초+ ☐ 초+60초+ ☐ 초+60초= ☐ (분)입니다.

따라서 UCC 영상의 길이는 ☐ 분이 넘으면 안됩니다.

답 ____________________

2. 세진이네 학교에서 오래 매달리기 경주가 열렸습니다. 세진이는 이 대회에서 137초 동안 매달렸다고 합니다. 세진이의 기록은 몇 분 몇 초인지 풀이 과정을 쓰고, 답을 구하세요. (15점)

풀이

답 ____________________

시간의 덧셈과 뺄셈

정답 및 풀이 > 19쪽

STEP 1 대표 문제 맛보기

명절을 맞아 민성이는 부모님과 함께 할머니 댁에 갑니다. 현재 시각이 오후 1시 10분이고 할머니 댁까지 2시간 30분이 걸린다면 할머니댁에 도착한 시각은 오후 몇 시 몇 분인지 풀이 과정을 쓰고, 답을 구하세요. (8점)

1단계 알고 있는 것 (1점)

현재 시각 : 오후 ☐ 시 ☐ 분

할머니 댁까지 걸리는 시간 : ☐ 시간 ☐ 분

2단계 구하려는 것 (1점)

할머니 댁에 도착한 ☐ 을 구하려고 합니다.

3단계 문제 해결 방법 (2점)

시는 (분 , 시)끼리, 분은 (분 , 시)끼리 더합니다.

4단계 문제 풀이 과정 (3점)

출발한 시각에 걸린 시간을 더하면 도착한 시각입니다.

(도착한 시각) = (출발 시각) + (걸린 시간)

= 오후 ☐ 시 10분 + ☐ 시간 30분

= 오후 ☐ 시 ☐ 분입니다.

5단계 구하려는 답 (1점)

따라서 할머니 댁에 도착한 시각은 오후 ☐ 시 ☐ 분입니다.

STEP 2 따라 풀어보기

지훈이는 친구와 영화를 보려고 합니다. 영화 시작 시각은 오후 3시 17분 22초이고 영화는 1시간 30분 15초 동안 상영한다고 합니다. 영화가 끝난 시각은 오후 몇 시 몇 분인지 풀이 과정을 쓰고, 답을 구하세요. (9점)

1단계 알고 있는 것 (1점)

영화 시작 시각 : 오후 ☐ 시 ☐ 분 ☐ 초

영화 상영 시간 : ☐ 시간 ☐ 분 ☐ 초

2단계 구하려는 것 (1점)

영화가 끝난 ☐ 을 구하려고 합니다.

3단계 문제 해결 방법 (2점)

시는 ☐ 끼리, 분은 ☐ 끼리, 초는 ☐ 끼리 더합니다.

4단계 문제 풀이 과정 (3점)

영화가 끝난 시각은 영화 시작 시각에 상영 시간을 더합니다.

(영화가 끝난 시각) = 오후 ☐ 시 17분 ☐ 초

+ 1시간 ☐ 분 15초

= 오후 ☐ 시 ☐ 분 ☐ 초입니다.

5단계 구하려는 답 (2점)

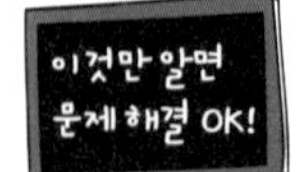

시간의 합과 차

☆ 시는 시끼리 분은 분끼리 초는 초끼리 더하거나 뺍니다.

	2	시	40	분
+	3	시간	10	분
	5	시	50	분

	3	시	40	분
-	1	시	20	분
	2	시간	20	분

- (시각)+(시간)=(시각)
- (시간)+(시간)=(시간)
- (시각)-(시각)=(시간)
- (시간)-(시간)=(시간)
- (시각)-(시간)=(시각)

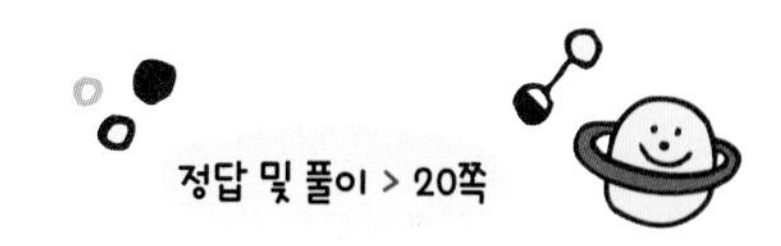

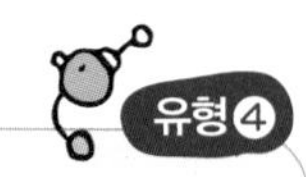

1. 은비네 모둠과 성민이네 모둠이 이어달리기를 한 기록입니다. 이어달리기를 한 기록의 합은 어느 모둠이 얼마나 더 빠른지 풀이 과정을 쓰고, 답을 구하세요. (10점)

모둠	기록1	기록2
은비네	3분 42초	1분 16초
성민이네	3분 8초	1분 32초

풀이

은비네 모둠의 이어달리기 기록의 합은 3분 □초 + □분 16초 = □분 □초

이고 성민이네 모둠의 이어달리기 기록의 합은 3분 □초 + □분 32초

= □분 □초입니다. 4분 □초 > 4분 □초이므로

성민이네 기록이 4분 □초 − 4분 □초 = □(초) 더 빠릅니다.

답 ______________________

2. 학교에서 부산으로 수학여행을 가려고 합니다. 다음은 고속버스와 고속열차가 서울에서 출발한 시각과 부산까지 가는 데 걸린 시간을 나타낸 것입니다. 부산에 어느 것이 얼마나 더 빨리 도착하였는지 풀이 과정을 쓰고, 답을 구하세요. (단, 고속버스와 고속열차는 같은 날 오전에 출발하였습니다.) (15점)

	출발 시각	걸린 시간
고속버스	8시 30분	4시간 20분
고속열차	10시 10분	2시간 35분

풀이

답 ______________________

스스로 문제를 풀어보며 실력을 높여보세요.

어떤 달팽이가 5 mm 이동하는 데 걸리는 시간은 10초라고 합니다. 만일 이 달팽이가 40초 동안 움직였다면 몇 cm를 움직인 것인지 구하세요. (20점)

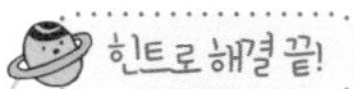

늘어난 시간만큼 달팽이가 움직인 거리도 늘어나요.

풀이

답

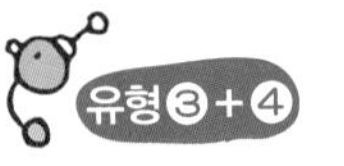

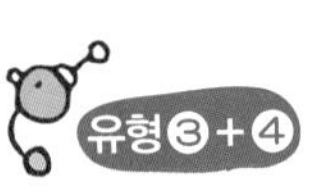

해외에서 온 친구들을 위해 준영이는 경복궁을 안내하기로 하였습니다. 경복궁을 모두 살펴보고 나온 시각은 오후 4시 14분 30초였습니다. 경복궁에 입장하여 2시간 18분 12초 동안 살펴보았다면 경복궁에 입장한 시각은 몇 시 몇 분 몇 초인지 풀이 과정을 쓰고, 답을 구하세요. (20점)

힌트로 해결 끝!

시간의 뺄셈
같은 단위끼리 뺄 수 없을 때 1시간은 60분, 1분은 60초로 받아내림하여 계산해요.

풀이

답

정답 및 풀이 > 20쪽

3

생활수학

어느 날 지수는 오전 8시 13분 43초에 등교를 하였습니다. 지수가 학교에 가서 집에 올 때까지 걸린 시간은 4시간 35분입니다. 지수가 21시 45분 36초에 잠을 자기 시작했다면 학교에서 집으로 돌아와 잠이 들 때까지의 시간은 몇 시간 몇 분 몇 초인지 풀이 과정을 쓰고, 답을 구하세요. (20점)

풀이

답

4

창의융합

한 변의 길이가 2 km인 정사각형 모양 화단의 각 변의 길이를 200 m씩 줄여서 만든 화단의 둘레는 긴 변의 길이가 1900 m이고 짧은 변의 길이가 1 km 200 m인 직사각형 모양 화단의 둘레보다 몇 km 몇 m인지 더 긴지 풀이 과정을 쓰고, 답을 구하세요. (20점)

직사각형은 마주보는 변의 길이가 같아요.

풀이

답

거꾸로 풀며 나만의 문제를 완성해 보세요.

정답 및 풀이 > 21쪽

다음은 주어진 길이와 낱말, 조건을 활용해서 만든 문제를 보고 풀이 과정과 답을 구한 것입니다. 어떤 문제였을까요? 거꾸로 문제 만들기, 도전해 볼까요? (15점)

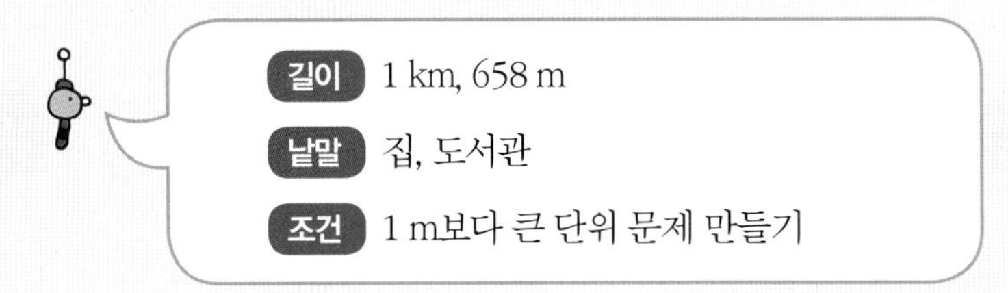

길이 1 km, 658 m

낱말 집, 도서관

조건 1 m보다 큰 단위 문제 만들기

★ 힌트 ★
집에서 도서관까지의 거리를 구하는 질문을 만들어요!

문제

풀이

1 km보다 658 m 더 먼 거리는 1 km 658 m입니다.

1 km = 1000 m이므로 1 km 658 m = 1000 m+658 m = 1658 m입니다.

따라서 집에서 도서관까지의 거리는 1658 m입니다.

답 1658 m

6. 분수와 소수

유형1 분수 알아보기

유형2 분모가 같은 분수의 크기 비교

유형3 소수 알아보기

유형4 소수의 크기 비교

분수 알아보기

STEP 1 대표 문제 맛보기

12개의 칸으로 나누어진 상자 안에 칸마다 쿠키가 한 개씩 들어 있습니다. 이 중 전체의 $\frac{2}{3}$을 먹었다면 먹은 쿠키의 수는 몇 개인지 풀이 과정을 쓰고, 답을 구하세요. (8점)

1단계 알고 있는 것 (1점) 전체 쿠키의 수 : ☐개 먹은 쿠키 : 전체의 ☐

2단계 구하려는 것 (1점) (먹은 , 남은) 쿠키의 수는 몇 개인지 구하려고 합니다.

3단계 문제 해결 방법 (2점) $\frac{2}{3}$는 전체를 똑같이 ☐으로 나눈 것 중 ☐입니다.

4단계 문제 풀이 과정 (3점) 전체 쿠키의 수 12개를 똑같이 ☐으로 나눈 것 중의 1은 ☐개입니다. 12의 $\frac{2}{3}$는 12를 똑같이 3으로 나눈 것 중 2이므로 ☐ × 2 = ☐개입니다.

5단계 구하려는 답 (1점) 따라서 먹은 쿠키의 수는 ☐개입니다.

STEP 2 따라 풀어보기

전체의 $\frac{2}{5}$만큼 색칠하려고 합니다. 몇 칸을 색칠해야 하는지 풀이 과정을 쓰고, 답을 구하세요. (9점)

1단계 알고 있는 것 (1점)

전체를 똑같이 나눈 칸의 수 : □ 칸

색칠할 부분 : 전체의 □

2단계 구하려는 것 (1점)

몇 □ 을 색칠해야 하는지 구하려고 합니다.

3단계 문제 해결 방법 (2점)

전체를 똑같이 □ 로 나눈 것 중 □ 를 구합니다.

4단계 문제 풀이 과정 (3점)

전체 칸의 수는 10칸이고 10칸을 똑같이 □ 로 나눈 것 중 1은 □ 칸입니다. 10의 □ 는 전체를 똑같이 5로 나눈 것 중 2이므로 2 × □ = □ 입니다.

5단계 구하려는 답 (2점)

이것만 알면 문제해결 OK!

분수 알아보기

☆ 전체의 $\frac{\triangle}{\blacksquare}$는 전체를 똑같이 ■로 나눈 것 중 △

예) 12의 $\frac{3}{4}$은 12를 똑같이 4로 나눈 것 중 3이므로 9입니다.

STEP 3 스스로 풀어보기

유형 1

1. 케이크를 6등분하여 그중 1조각을 먹었습니다. 남은 부분을 분수로 나타내려고 합니다. 풀이 과정을 쓰고, 답을 구하세요. (10점)

풀이

케이크를 6등분하여 그중 1조각을 먹었으므로 남은 것은 □ 조각입니다.

전체를 똑같이 나눈 것 중 5를 분수로 나타내면 □ 이므로

남은 부분을 분수로 나타내면 □ 입니다.

답 ______________________

2. 피자 한 판을 똑같이 8조각으로 나누어 전체의 $\frac{1}{4}$을 먹었습니다. 남은 부분을 분수로 나타내려고 합니다. 풀이 과정을 쓰고, 답을 구하세요. (15점)

풀이

답 ______________________

분모가 같은 분수의 크기 비교

정답 및 풀이 > 22쪽

STEP 1 대표 문제 맛보기

아진이네 반에서 학급 잔치를 하려고 합니다. 학급 잔치에 필요한 꽃 장식을 만드는 데 파란색 테이프는 $\frac{2}{5}$ m만큼, 빨간색 테이프는 $\frac{4}{5}$ m만큼 필요하다고 합니다. 어느 테이프가 더 많이 필요한지 풀이 과정을 쓰고, 답을 구하세요. (8점)

1단계 알고 있는 것 (1점)

필요한 파란색 테이프의 길이 : ☐ m

필요한 빨간색 테이프의 길이 : ☐ m

2단계 구하려는 것 (1점)

어느 색 테이프가 더 (많이 , 적게) 필요한지 구하려고 합니다.

3단계 문제 해결 방법 (2점)

분모가 같은 분수는 (분모 , 분자)가 클수록 더 큰 분수입니다.

4단계 문제 풀이 과정 (3점)

더 많이 필요한 색 테이프를 구하려면 $\frac{2}{5}$와 $\frac{4}{5}$ 중 더 (큰 , 작은) 분수를 찾습니다.

$\frac{2}{5}$와 $\frac{4}{5}$는 ☐가 같으므로 분자끼리 비교하면 2 < ☐이므로

$\frac{2}{5}$ < ☐입니다.

5단계 구하려는 답 (1점)

따라서 ☐ 테이프가 더 많이 필요합니다.

혁이와 우성이가 피자를 먹으려고 합니다. 혁이는 전체 피자의 $\frac{3}{8}$을 먹었고 우성이는 전체 피자의 $\frac{5}{8}$를 먹었습니다. 먹은 피자의 양이 더 적은 사람은 누구인지 풀이 과정을 쓰고, 답을 구하세요. (9점)

1단계 **알고 있는 것** (1점)

혁이가 먹은 피자의 양 : 전체의 □

우성이가 먹은 피자의 양 : 전체의 □

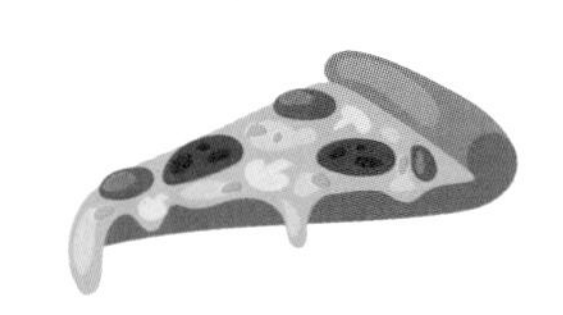

2단계 **구하려는 것** (1점)

먹은 피자의 양이 더 (많은 , 적은) 사람은 누구인지 구하려고 합니다.

3단계 **문제 해결 방법** (2점)

분모가 같은 분수는 (분모 , 분자)가 작을수록 더 작은 분수입니다.

4단계 **문제 풀이 과정** (3점)

먹은 피자의 양이 더 적은 사람을 구하려면 $\frac{3}{8}$과 $\frac{5}{8}$ 중 더 작은 분수를 찾습니다. $\frac{3}{8}$과 $\frac{5}{8}$는 □가 같으므로 분자가 작을수록 더 작은 분수입니다. 분자끼리 비교하면 □ < □ 이므로 $\frac{3}{8}$ < □ 입니다.

5단계 **구하려는 답** (2점)

정답 및 풀이 > 23쪽

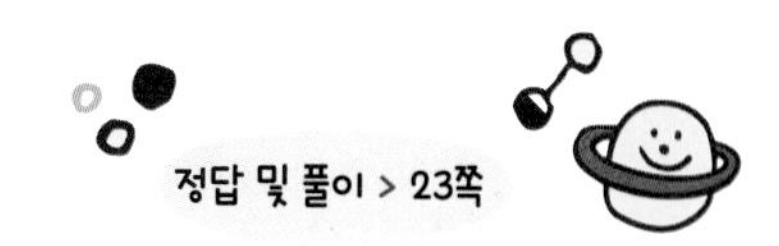

STEP 3 스스로 풀어보기

1. 강민이와 성현이가 각자 같은 종류의 아이스크림을 먹었습니다. 강민이는 전체의 $\frac{3}{4}$만큼을 먹었고, 성현이는 전체의 $\frac{2}{4}$만큼을 먹었습니다. 남은 아이스크림의 양이 더 많은 사람은 누구인지 풀이 과정을 쓰고, 답을 구하세요. (10점)

먹은 양이 적을수록 남아 있는 양이 많습니다. 두 사람이 먹은 양을 비교하여 먹은 양이 더 (많은 , 적은) 사람을 찾습니다. ☐ 과 $\frac{2}{4}$는 분모가 같으므로 ☐ 가 작을수록 작은 수입니다. 분자를 비교하면 ☐ >2이므로 ☐ > $\frac{2}{4}$ 입니다. 따라서 남은 양이 더 많은 사람은 먹은 양이 더 적은 ☐ 입니다.

답 ____________

2. 경희와 수민이가 각자 같은 종류의 문제집을 풀었습니다. 경희는 문제집 전체의 $\frac{3}{7}$만큼을 풀었고 수민이는 문제집 전체의 $\frac{5}{7}$만큼을 풀었습니다. 남은 문제집의 양이 더 많은 사람은 누구인지 풀이 과정을 쓰고, 답을 구하세요. (15점)

답 ____________

소수 알아보기

STEP 1 대표 문제 맛보기

연필의 길이가 7 cm 5 mm입니다. 연필의 길이는 몇 cm인지 소수로 나타내려고 합니다. 풀이 과정을 쓰고, 답을 구하세요. (8점)

1단계 알고 있는 것 (1점) 연필의 길이 : □ cm □ mm

2단계 구하려는 것 (1점) 연필의 길이는 몇 □ 인지 소수로 구하려고 합니다.

3단계 문제 해결 방법 (2점) 1 mm= □ cm입니다.

4단계 문제 풀이 과정 (3점) 5 mm는 1 cm를 똑같이 10으로 나눈 것 중 □ 이므로

5 mm = □ cm입니다.

7과 0.5만큼인 수는 □ 이므로 7 cm와 □ cm만큼인

길이는 □ cm입니다.

5단계 구하려는 답 (1점) 따라서 연필의 길이는 □ cm입니다.

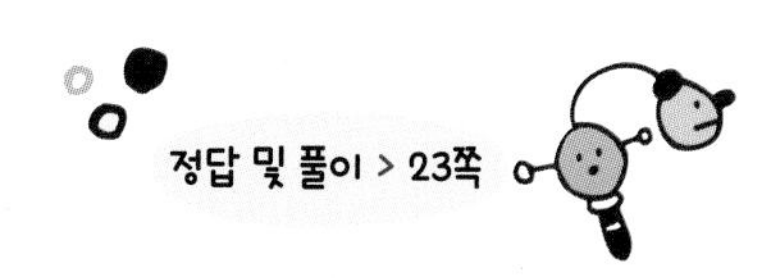

STEP 2 따라 풀어보기

어떤 음료수 한 병을 모양과 크기가 같은 컵에 따랐더니 3컵보다 $\frac{3}{10}$컵이 더 많았습니다. 이 음료수는 몇 컵인지 소수로 나타내려고 합니다. 풀이 과정을 쓰고, 답을 구하세요. (9점)

1단계 알고 있는 것 (1점)
음료수를 따른 양 : ☐ 컵보다 ☐ 컵 더 많은 양

2단계 구하려는 것 (1점)
음료수는 몇 컵인지 (분수 , 소수)로 나타내려고 합니다.

3단계 문제 해결 방법 (2점)
$\frac{1}{10}$ = ☐ 이므로 $\frac{■}{10}$는 ☐ 이 ■개인 수입니다.

4단계 문제 풀이 과정 (3점)
$\frac{3}{10}$ = 0.3이므로 음료수의 양은 3컵보다 ☐ 컵이 더 많습니다.
3과 0.3만큼인 수는 ☐ 이므로 3컵보다 ☐ 컵 더 많은 양은 ☐ 컵입니다.

5단계 구하려는 답 (2점)
____

123 이것만 알면 문제 해결 OK!

소수 알아보기
- ☆ 1 mm=0.1 cm
- ☆ 1보다 큰 소수

예) 1과 0.3만큼인 수 • 1.3이라 쓰고 '일 점 삼'이라고 읽습니다.

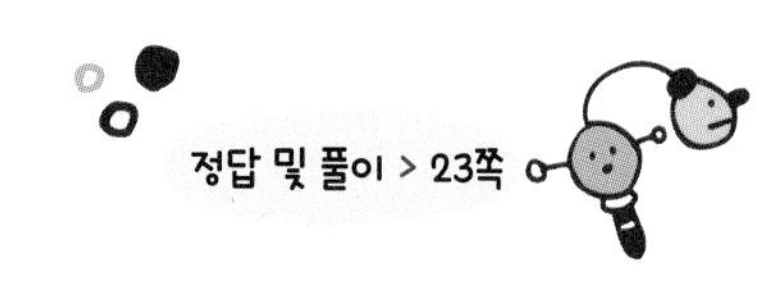

STEP 3 스스로 풀어보기

유형❸

1. □와 ○ 안에 들어갈 수들의 합을 구하려고 합니다. 풀이 과정을 쓰고, 답을 구하세요. (10점)

> 3.9는 0.1이 □개인 수입니다.
> 1.3 cm는 ○ mm입니다.

풀이

1은 0.1이 [   ] 개인 수입니다. 3.9는 3과 0.9만큼인 수로 0.1이 모두 [   ] 개인 수입니다. [   ] cm = 1 mm이고 1.3은 0.1이 [   ] 개인 수이므로 1.3 cm = [   ] mm입니다. 따라서 □ = [   ], ○ = [   ] 이므로 □와 ○ 안에 들어갈 수들의 합은 39 + [   ] = [   ] 입니다.

답 ______________________

2. □와 ○ 안에 들어갈 수들의 합을 구하려고 합니다. 풀이 과정을 쓰고, 답을 구하세요. (15점)

> 2는 0.1이 □개인 수입니다.
> 4.7 cm는 ○ mm입니다.

풀이

____

____

____

답 ______________________

소수의 크기 비교

정답 및 풀이 > 24쪽

STEP 1 대표 문제 맛보기

경희와 하나가 달리기를 하고 있습니다. 경희는 1.3 km를 달렸고, 하나는 0.9 km를 달렸습니다. 누가 더 많이 달렸는지 풀이 과정을 쓰고, 답을 구하세요. (8점)

1단계 알고 있는 것 (1점) 경희가 달린 거리 : ☐ km 하나가 달린 거리 : ☐ km

2단계 구하려는 것 (1점) 누가 더 ☐ 달렸는지 구하려고 합니다.

3단계 문제 해결 방법 (2점) 자연수 부분이 클수록 더 (큰 , 작은) 소수입니다.

4단계 문제 풀이 과정 (3점) 누가 더 많이 달렸는지 구하려면 두 소수의 크기를 비교하여 더 (큰 , 작은) 소수를 찾습니다. ☐과 0.9의 자연수 부분을 비교하면 ☐ > 0이므로 ☐ > ☐ 입니다.

5단계 구하려는 답 (1점) 따라서 ☐가 더 많이 달렸습니다.

STEP 2 따라 풀어보기

건혜와 가희가 블록 쌓기 놀이를 하였습니다. 건혜가 쌓은 블록의 높이는 5.3 cm 이고, 가희가 쌓은 블록의 높이는 7.1 cm입니다. 누가 쌓은 블록의 높이가 더 높은지 풀이 과정을 쓰고, 답을 구하세요. (9점)

1단계 알고 있는 것 (1점)

건혜가 쌓은 블록의 높이 : ☐ cm

가희가 쌓은 블록의 높이 : ☐ cm

2단계 구하려는 것 (1점)

누가 쌓은 블록의 높이가 더 (높은지 , 낮은지) 구하려고 합니다.

3단계 문제 해결 방법 (2점)

자연수 부분이 클수록 더 (큰 , 작은) 소수입니다.

4단계 문제 풀이 과정 (3점)

블록의 높이가 더 높은 사람을 구하려면 두 소수 중 큰 소수를 찾습니다. 1보다 큰 소수는 ☐ 부분이 클수록 큰 수이므로 5.3과 7.1의 자연수 부분을 비교하면 5 < ☐ 이므로 ☐ < ☐ 입니다.

5단계 구하려는 답 (2점)

____

123 이것만 알면 문제 해결 OK!

소수의 크기 비교 알아보기

- ☆ 1보다 작은 소수의 크기 비교: 소수 부분이 클수록 더 큰 수 → 0.8 < 0.9
- ☆ 1보다 큰 소수의 크기 비교: 자연수 부분이 클수록 더 큰 수 → 2.3 < 4.1
  자연수 부분이 같을 땐 소수 부분이 클수록 더 큰 수 → 5.3 > 5.1

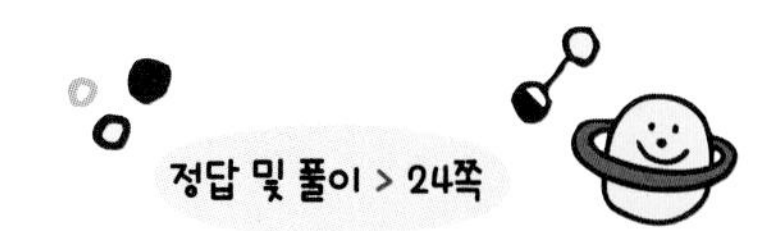

유형④

1. □와 ○ 안에 들어갈 수 중 더 큰 수는 무엇인지 구하려고 합니다. 풀이 과정을 쓰고, 답을 구하세요. (10점)

> 0.1이 67개인 수는 □입니다.
> 57 mm는 ○ cm입니다.

풀이

0.1이 10개인 수는 1이므로 0.1이 67개인 수는 [ ] 입니다.

1 mm = [ ] cm이고 0.1이 57개인 수는 [ ] 이므로 57 mm = [ ] cm입니다.

□와 ○ 안에 들어갈 수는 각각 [ ] 과 5.7이고 두 수의 자연수 부분을 비교하면

[ ] > 5이므로 [ ] > 5.7입니다.

따라서 □와 ○ 안에 들어갈 수 중에서 더 큰 수는 [ ] 입니다.

답 ______________________

2. □와 ○ 안에 들어갈 수 중 소수 부분이 더 큰 수는 무엇인지 구하려고 합니다. 풀이 과정을 쓰고, 답을 구하세요. (15점)

> 볼펜의 길이는 173 mm로 □ cm이고
> 연필의 길이는 155 mm로 ○ cm입니다.

풀이

답 ______________________

스스로 문제를 풀어보며 실력을 높여보세요.

1

다음 □ 안에 공통으로 들어갈 소수 △.○는 모두 몇 개인지 구하려고 합니다. 풀이 과정을 쓰고, 답을 구하세요. (20점)

$\frac{5}{10}$ < △.○ < $\frac{9}{10}$

0.1이 6개인 수 < △.○ < 0.1이 10개인 수

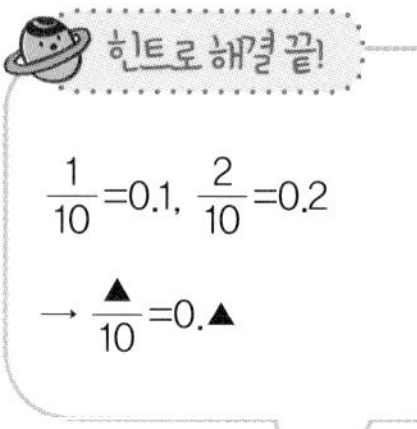

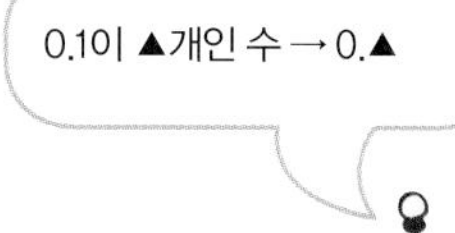

답

2

어느 화가가 벽 전체의 $\frac{4}{9}$를 칠하는 데 12분이 걸렸다면 전체를 모두 다 칠하는 데 걸리는 시간은 몇 분인지 풀이 과정을 쓰고, 답을 구하세요. (20점)

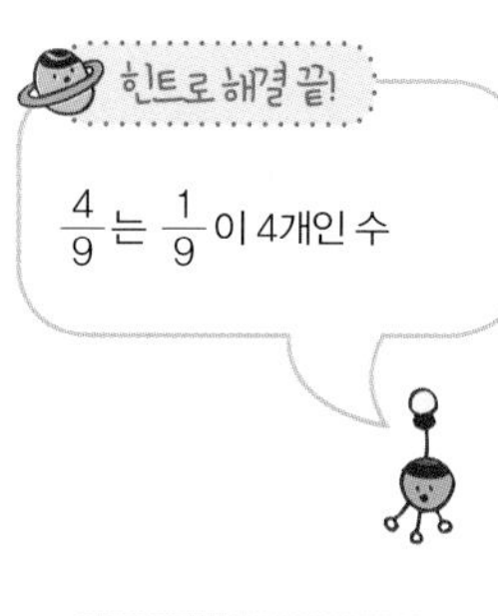

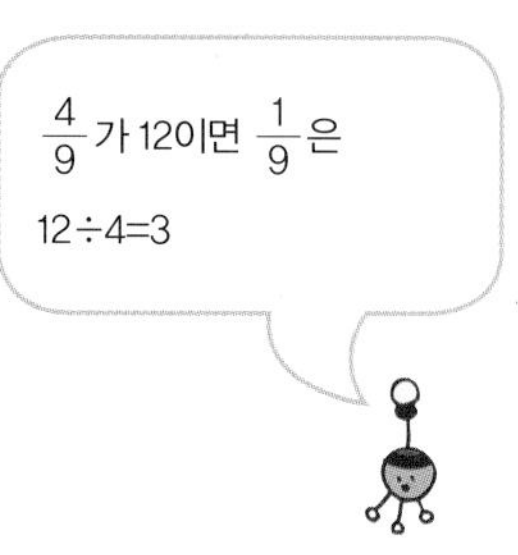

답

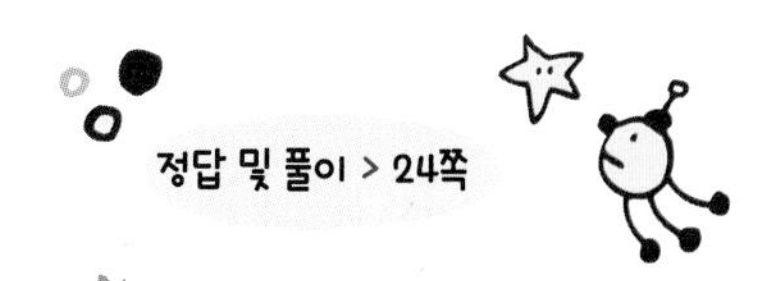

3

생활수학

다음은 5일 동안 매일 오후 3시에 강낭콩의 키를 조사하여 나타낸 표입니다. 수요일까지는 매일 전날보다 3 mm씩 더 자라다가 목요일과 금요일은 전날보다 7 mm씩 더 자랐다면 금요일 오후 3시에 강낭콩의 키는 몇 cm인지 풀이 과정을 쓰고, 답을 구하세요. (20점)

(강낭콩의 키)

	월	화	수	목	금
키(cm)	11.2	11.5			

풀이

답

4

같은 줄에 있는 세 수를 각각 모았을 때 0.1의 개수가 같다고 합니다. ▲에 알맞은 소수는 무엇인지 풀이 과정을 쓰고, 답을 구하세요. (20점)

	▲	
1.2	0.9	$\frac{6}{10}$
	$\frac{7}{10}$	

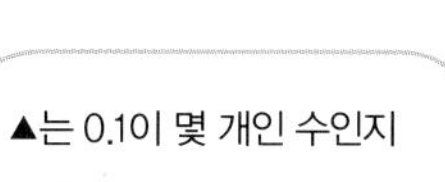

풀이

답

거꾸로 풀며 나만의 문제를 완성해 보세요.

정답 및 풀이 > 25쪽

다음은 주어진 수와 낱말, 조건을 활용해서 만든 문제를 보고 풀이 과정과 답을 구한 것입니다. 어떤 문제였을까요? 거꾸로 문제 만들기, 도전해 볼까요? (15점)

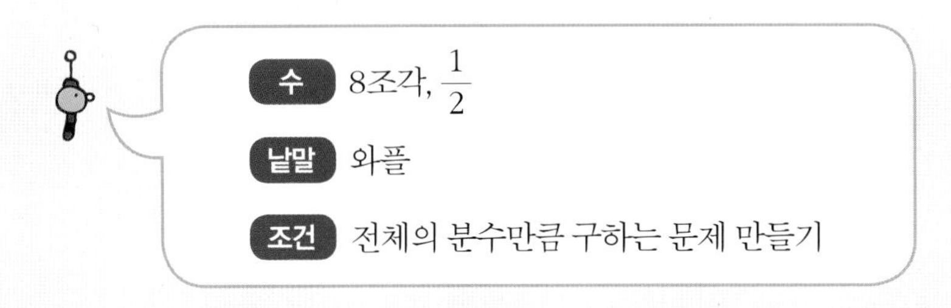

수 8조각, $\frac{1}{2}$

낱말 와플

조건 전체의 분수만큼 구하는 문제 만들기

★ 힌트 ★
와플의 조각 수를 구하는 질문을 만들어요.

문제

풀이

전체의 $\frac{1}{2}$은 전체를 똑같이 2로 나눈 것 중의 1입니다. 전체가 8조각이므로 8조각을 똑같이 2로 나눈 것 중의 1은 $8 \div 2 = 4$(조각)입니다. 따라서 서진이가 먹은 와플은 4조각입니다.

답 4조각

MEMO

MEMO

초등 수학

한 권으로 서술형 끝

정답

5

초등수학 3-1 과정

넥서스에듀

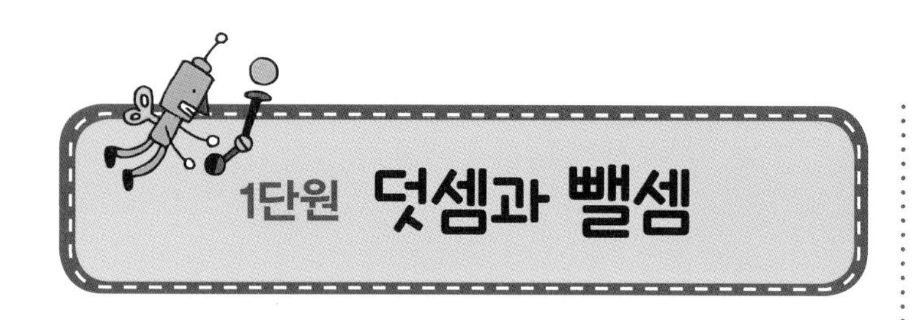

받아올림이 없는 세 자리 수의 덧셈

STEP 1 ······ P. 12

1단계 311, 123

2단계 토요일, 일요일

3단계 123, 더합니다

4단계 123, 311, 123, 434, 311, 434, 745

5단계 745

STEP 2 ······ P. 13

1단계 231, 123

2단계 진영, 밤

3단계 123, 더합니다

4단계 123 / 231, 123, 354 / 354, 585

5단계 따라서 진영이와 아빠가 주운 밤은 모두 585개입니다.

STEP 3 ······ P. 14

1

풀이 721, 236, 더해서, 721, 236, 957

답 957개

오답 제로를 위한 **채점 기준표**

세부 내용		점수
풀이 과정	① 식 721+236을 나타낸 경우	3
	② 721+236=957로 계산한 경우	3
	③ 상자 안에 들어 있는 구슬을 957개라 한 경우	3
답	957개라고 쓴 경우	1
총점		10

2

풀이 (집에서 학교를 거쳐 서점까지 가는 거리)
=(집에서 학교까지의 거리)+(학교에서 서점까지의 거리)
=644+143=787(m)입니다.

답 787 m

오답 제로를 위한 **채점 기준표**

세부 내용		점수
풀이 과정	① 식 644+143을 나타낸 경우	5
	② 644+143=787라 한 경우	5
	③ 전체 거리를 787 m라 한 경우	3
답	787 m라고 쓴 경우	2
총점		15

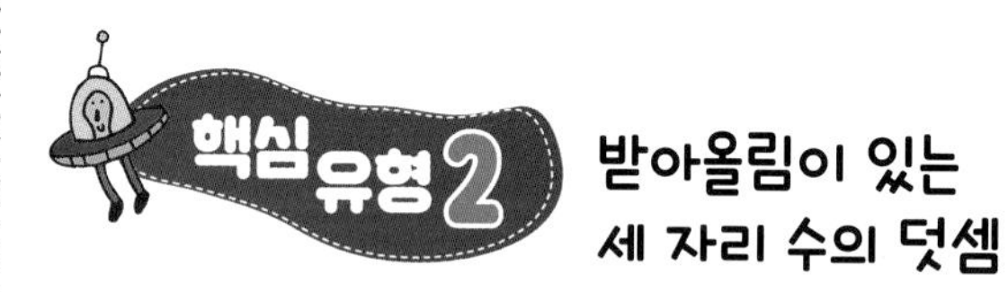

받아올림이 있는 세 자리 수의 덧셈

STEP 1 ······ P. 15

1단계 428, 125

2단계 아버지, 사과

3단계 더합니다

4단계 428, 125, 553

5단계 553

STEP 2 ······ P. 16

1단계 128, 204, 256, 195

2단계 적은, 합

3단계 더합니다

4단계 256, 195, 닭, 소, 128, 128, 384

5단계 따라서 가장 많은 동물의 수와 가장 적은 동물의 수의 합은 384마리입니다.

STEP 3 P. 17

1

풀이 486, 218 / 218, 486, 704 / 704, 407

답 407

오답 제로를 위한 **채점 기준표**

	세부 내용	점수
풀이 과정	① 백의 자리 숫자와 일의 자리 숫자를 바꾼 수를 구하는 식 218+486을 만든 경우	3
	② 백의 자리 숫자와 일의 자리 숫자를 바꾼 수를 704라 한 경우	3
	③ 처음 세 자리 수를 407이라 한 경우	3
답	407이라고 쓴 경우	1
총점		10

2

풀이 처음 세 자리 수의 십의 자리 숫자와 일의 자리 숫자를 바꾼 수를 △라 하면 △-742=179입니다. 덧셈과 뺄셈의 관계에 따라 △=179+742=921이므로 처음 세 자리 수는 921의 십의 자리 숫자와 일의 자리 숫자를 바꾼 912입니다.

답 912

오답 제로를 위한 **채점 기준표**

	세부 내용	점수
풀이 과정	① 십의 자리 숫자와 일의 자리 숫자를 바꾼 수를 179+742로 구한다고 한 경우	5
	② 십의 자리 숫자와 일의 자리 숫자를 바꾼 수를 921이라 한 경우	5
	③ 처음 세 자리 수를 912라 한 경우	3
답	912라고 쓴 경우	2
총점		15

받아내림이 없는 세 자리 수의 뺄셈

STEP 1 P. 18

1단계 674, 172

2단계 토마토

3단계 빱니다

4단계 674, 172, 502

5단계 502

STEP 2 P. 19

1단계 329, 121

2단계 성욱

3단계 뺍니다

4단계 121, 329, 121, 208

5단계 따라서 성욱이가 모은 붙임딱지는 208장입니다.

STEP 3 P. 20

1

풀이 차, 857, 715, 142

답 142 m

오답 제로를 위한 **채점 기준표**

	세부 내용	점수
풀이 과정	① 857−715의 식을 세운 경우	4
	② 더 올라가야 하는 높이를 142 m라 한 경우	5
답	142 m라고 쓴 경우	1
총점		10

2

풀이 더 넘어야 하는 줄넘기 수는 넘기로 한 줄넘기 수와 지금까지 넘은 줄넘기 수의 차를 구합니다. 따라서 (더 넘어야 하는 줄넘기 수)=(오늘 넘어야 할 줄넘기 수)-(지금까지 넘은 줄넘기 수)=684−123=561(번)입니다.

답 561번

오답 제로를 위한 **채점 기준표**

	세부 내용	점수
풀이 과정	① 684−123의 식을 세운 경우	6
	② 더 넘어야 하는 줄넘기 수를 561번이라 한 경우	7
답	561번이라고 쓴 경우	2
총점		15

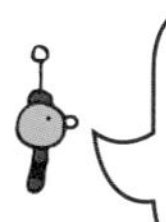

제시된 풀이는 모범답안이므로
채점 기준표를 참고하여 채점하세요.

받아내림이 있는 세 자리 수의 뺄셈

STEP 1 P. 21

1단계 453, 264

2단계 여학생

3단계 학생, 뺍니다

4단계 453, 264, 189

5단계 189

STEP 2 P. 22

1단계 753, 577

2단계 며칠

3단계 뺍니다

4단계 753, 577, 176

5단계 따라서 공사가 끝나려면 176일 남았습니다.

STEP 3 P. 23

1

풀이 861, 168, 861, 168, 693

답 693

오답 제로를 위한 **채점 기준표**

세부 내용		점수
풀이 과정	① 가장 큰 수를 861이라 한 경우	3
	② 가장 작은 수를 168이라 한 경우	3
	③ 두 수의 차를 693이라 한 경우	3
답	693이라고 쓴 경우	1
총점		10

2

풀이 9>7>3이므로 세 장의 숫자 카드로 만들 수 있는 두 번째로 큰 수는 937이고 가장 작은 수는 379이므로 두 수의 차는 937-379=558입니다.

답 558

오답 제로를 위한 **채점 기준표**

세부 내용		점수
풀이 과정	① 두 번째로 큰 수는 937이라 한 경우	5
	② 가장 작은 수를 379라 한 경우	5
	③ 두 수의 차를 558이라 한 경우	3
답	558이라고 쓴 경우	2
총점		15

P. 24

1

풀이 수정이가 가진 끈의 길이는 251 cm이므로
(민현이가 가진 끈의 길이)=(수정이가 가진 끈의 길이)+141=251+141=392 (cm)이고
(주연이가 가진 끈의 길이)
=(민현이가 가진 끈의 길이)-212=392-212
=180 (cm)입니다.
392>180이므로 민현이가 가진 끈의 길이가 주연이가 가진 끈의 길이보다 392-180=212 (cm) 더 깁니다.

답 212 cm

오답 제로를 위한 **채점 기준표**

세부 내용		점수
풀이 과정	① 민현이가 가진 끈의 길이를 392 cm라 한 경우	7
	② 주연이가 가진 끈의 길이를 180 cm라 한 경우	7
	③ 민혁이가 가진 끈의 길이가 212 cm 더 길다고 한 경우	4
답	212 cm라고 쓴 경우	2
총점		20

2

풀이 7>4>1이므로 숫자 카드를 한 번씩 모두 이용해 만들 수 있는 가장 큰 수는 741, 가장 작은 수는 147, 두 번째로 작은 수는 174입니다. 가장 큰 수와 가장 작은 수의 차는 741-147=594이고 594에 두 번째로 작은 수를 더하면 594+174=768입니다. 따라서 가장 큰 수와 가장 작은 수의 차에 두 번째로 작은 수를 더한 값은 768입니다.

답 768

오답 제로를 위한 **채점 기준표**

	세부 내용	점수
풀이 과정	① 가장 큰 수 741, 가장 작은 수는 147, 두 번째로 작은 수는 174라고 한 경우	6
	② 가장 큰 수와 가장 작은 수의 차를 594라 한 경우	6
	③ 594에 두 번째로 큰 수를 더하여 768이라 한 경우	6
답	768이라고 쓴 경우	2
총점		20

3

풀이 높이가 917 m인 곳에서부터 475 m 아래에 휴게소가 있으므로 휴게소는 땅에서부터 917-475=442 (m)인 곳에 있습니다. 이때 온천은 휴게소에서부터 112 m 높은 곳에 있다고 하였으므로 온천은 땅에서부터 442+112=554 (m)인 곳에 있습니다.

답 554 m

오답 제로를 위한 **채점 기준표**

	세부 내용	점수
풀이 과정	① 휴게소는 땅에서부터 442 m 높이에 있다고 한 경우	9
	② 온천은 땅에서부터 554 m 높이에 있다고 한 경우	9
답	554 m라고 쓴 경우	2
총점		20

4

풀이 처음 동물원에 동물이 365마리 있고, 314마리가 새로 들어왔으므로 동물의 수는 365+314=679(마리)입니다. 이때, 189마리가 옮겨졌으므로 동물원에 남아 있는 동물의 수는 679-189=490(마리)입니다.

답 490마리

오답 제로를 위한 **채점 기준표**

	세부 내용	점수
풀이 과정	① 189마리가 옮겨지기 전의 동물의 수를 679마리라 한 경우	9
	② 남아있는 동물의 수를 490마리라 한 경우	9
답	490마리라고 쓴 경우	2
총점		20

P. 26

문제 지영이네 가족은 지난주에 사과를 따러 갔습니다. 오전에 547개, 오후에 325개를 땄다고 한다면 지영이네 가족이 딴 사과는 모두 몇 개인지 풀이 과정을 쓰고, 답을 구하세요.

오답 제로를 위한 **채점 기준표**

	세부 내용	점수
문제	① 사과 547개와 325개를 표현한 경우	8
	② 두 수를 더하는 문제를 만든 경우	7
총점		15

제시된 풀이는 **모범답안**이므로
채점 기준표를 참고하여 **채점하세요.**

2단원 평면도형

선의 종류, 각과 직각

STEP 1 P. 28

1단계 ㄱ, ㄷ

2단계 선분, 합

3단계 선분, 직선

4단계 ㄱ ㄴ ㄷ / ㄱ ㄴ ㄷ

3, 3, 3, 3, 6

5단계 6

STEP 2 P. 29

1단계 ㄱ, ㄷ

2단계 반직선

3단계 반직선

4단계 ㄱ ㄴ ㄷ ㄹ

3, 4, 3, 4, 12

5단계 따라서 네 개의 점을 이어 그릴 수 있는 반직선은 모두 12개입니다.

STEP 3 P. 30

1

풀이 3, 2, 1 / 3, 2, 1, 6 / 6

답 6개

오답 제로를 위한 **채점 기준표**

	세부 내용	점수
풀이 과정	① 작은 각 1개로 이루어진 각 3개라 한 경우	2
	② 작은 각 2개로 이루어진 각 2개라 한 경우	2
	③ 작은 각 3개로 이루어진 각 1개라 한 경우	2
	④ 크고 작은 각의 수를 6개라 한 경우	3
답	6개라고 쓴 경우	1
총점		10

2

풀이 작은 각 1개로 이루어진 각 : 4개

작은 각 2개로 이루어진 각 : 3개

작은 각 3개로 이루어진 각 : 2개

작은 각 4개로 이루어진 각 : 1개

→ 4+3+2+1=10 (개)

따라서 도형에서 찾을 수 있는 크고 작은 각의 수는 모두 10개입니다.

답 10개

오답 제로를 위한 **채점 기준표**

	세부 내용	점수
풀이 과정	① 작은 각 1개로 이루어진 각 4개라 한 경우	3
	② 작은 각 2개로 이루어진 각 3개라 한 경우	3
	③ 작은 각 3개로 이루어진 각 2개라 한 경우	3
	④ 작은 각 4개로 이루어진 각 1개라 한 경우	3
	⑤ 크고 작은 각의 수를 10개라 한 경우	1
답	10개라고 쓴 경우	2
총점		15

직각삼각형

STEP 1 P. 31

1단계 그림

2단계 직각삼각형

3단계 한, 직각

4단계 ①, ③, 4, 1, 5

5단계 5

STEP 2 P. 32

1단계 그림

2단계 직각삼각형

3단계 한, 직각

4단계 ①, ③, 4 / 1 / ③, ④, 1 / 4, 1, 6

5단계 따라서 그림에서 찾을 수 있는 크고 작은 직각삼각형은 모두 6개입니다.

STEP 3 P. 33

1

풀이 직각삼각형, 1, 직각삼각형, 4

답 4개

오답 제로를 위한 **채점 기준표**

	세부 내용	점수
풀이 과정	① 한 각이 직각인 삼각형을 직각삼각형이라 설명한 경우	3
	② 4개의 직각삼각형에는 각각 직각이 1개씩 있다고 한 경우	3
	③ 직각이 모두 4개라 한 경우	3
답	4개라고 쓴 경우	1
총점		10

2

풀이 한 각이 직각인 삼각형을 직각삼각형이라고 합니다. 직각삼각형 1개에는 직각이 아닌 각이 2개 있습니다. 따라서 5개의 직각삼각형에 있는 직각이 아닌 각의 수는 $2\times5=10$(개)입니다.

답 10개

오답 제로를 위한 **채점 기준표**

	세부 내용	점수
풀이 과정	① 한 각이 직각인 삼각형을 직각삼각형이라 설명한 경우	3
	② 직각삼각형에는 직각이 아닌 각이 2개 있다고 한 경우	5
	③ 5개의 직각삼각형에는 직각이 아닌 각이 모두 10개라 한 경우	5
답	10개라고 쓴 경우	2
총점		15

직사각형

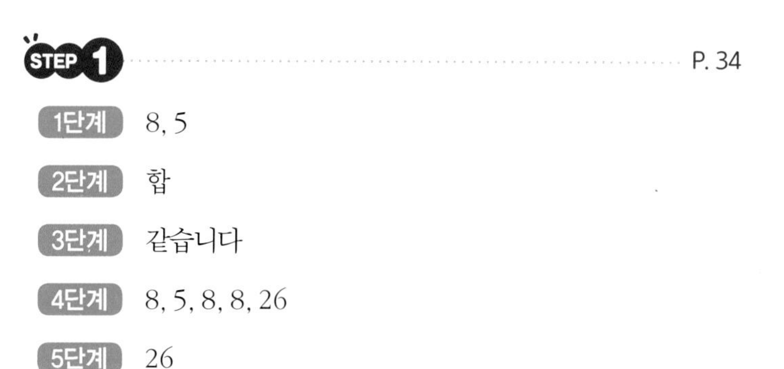

STEP 1 P. 34

1단계 8, 5

2단계 합

3단계 같습니다

4단계 8, 5, 8, 8, 26

5단계 26

STEP 2 P. 35

1단계 36, 12

2단계 수

3단계 같습니다

4단계 36, 36, 36, 36, 36

5단계 따라서 □ 안에 알맞은 수는 6입니다.

STEP 3 P. 36

1

풀이 13 / 4, 8 / 13, 8, 42

답 42 cm

오답 제로를 위한 **채점 기준표**

	세부 내용	점수
풀이 과정	① 긴 변의 길이 13 cm, 짧은 변의 길이 8 cm라 한 경우	4
	② 만든 직사각형 네 변의 길이의 합을 42 cm라 한 경우	5
답	42 cm라고 쓴 경우	1
총점		10

2

풀이 이어 붙여 만든 직사각형은

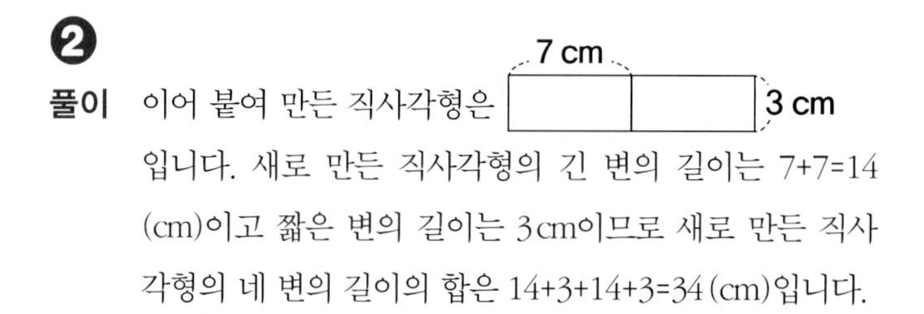

입니다. 새로 만든 직사각형의 긴 변의 길이는 $7+7=14$ (cm)이고 짧은 변의 길이는 3 cm이므로 새로 만든 직사각형의 네 변의 길이의 합은 $14+3+14+3=34$ (cm)입니다.

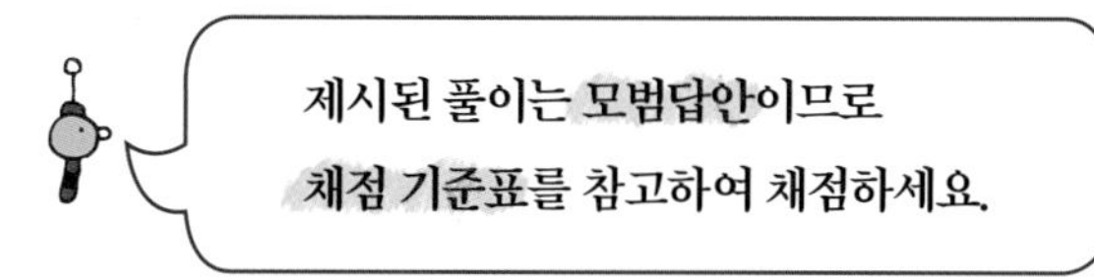

답 34 cm

오답 제로를 위한 **채점 기준표**

	세부 내용	점수
풀이 과정	① 긴 변의 길이를 14 cm, 짧은 변의 길이 3 cm라 한 경우	7
	② 네 변의 길이의 합을 34 cm라 한 경우	6
답	34 cm라고 쓴 경우	2
총점		15

정사각형

STEP 1 P. 37

1단계 6

2단계 1, 정사각형

3단계 같습니다

4단계 6 / 6, 24 / 1 / 1, 4 / 4, 4, 4, 6

5단계 6

STEP 2 P. 38

1단계 12, 10

2단계 정사각형

3단계 같고, 같습니다

4단계 12, 12, 44, 44, 11

5단계 따라서 정사각형 한 변의 길이는 11 cm입니다.

STEP 3 P. 39

1

풀이 12, 7, 5

답 5

오답 제로를 위한 **채점 기준표**

	세부 내용	점수
풀이 과정	① 정사각형의 네 변의 길이가 같다고 한 경우	3
	② 7+㉠=12라 한 경우	3
	③ ㉠=12−7=5라 한 경우	3
답	5라고 쓴 경우	1
총점		10

2

풀이 가장 작은 정사각형 한 변의 길이를 □ cm라 하면 □+□+□+□=32이므로 □=8입니다. 가장 큰 정사각형 한 변의 길이가 20 cm이므로 8+㉠+8=20이고, ㉠=20-8-8=4입니다. 따라서 ㉠에 알맞은 수는 4입니다.

답 4

오답 제로를 위한 **채점 기준표**

	세부 내용	점수
풀이 과정	① 가장 작은 정사각형의 한 변의 길이를 8 cm라 한 경우	5
	② 가장 큰 정사각형의 한 변의 길이를 20 cm라 한 경우	5
	③ ㉠의 길이는 4 cm라 한 경우	3
답	4라고 쓴 경우	2
총점		15

P. 40

1

풀이 정사각형에 선분 3개를 그었을 때 만들어지는 직각삼각형의 수가 가장 많은 경우는 다음과 같습니다.

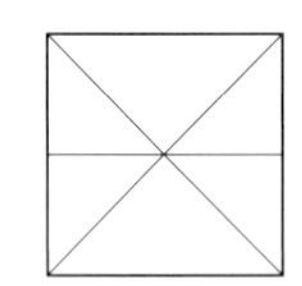

따라서 선분 3개를 그어 잘랐을 때 만들 수 있는 직각삼각형의 최대 개수는 6개입니다.

답 6개

오답 제로를 위한 **채점 기준표**

	세부 내용	점수
풀이 과정	① 직각삼각형의 수가 가장 많은 경우를 나타낸 경우	9
	② 최대 개수를 6개라 한 경우	9
답	6개라고 쓴 경우	2
총점		20

2

풀이 그림과 같이 주어진 직사각형 모양 종이를 잘라서 만들 수 있는 가장 큰 정사각형은 한 변의 길이가 15 cm인 정사각형이고 이 정사각형을 만들고 남은 종이로 만들 수 있는 가장 큰 정사각형의 한 변의 길이는 10 cm입니다. 정사각형 2개를 만들고 남은 종이는 직사각형 모양이고 짧은 변의 길이는 15-10=5 (cm)입니다.

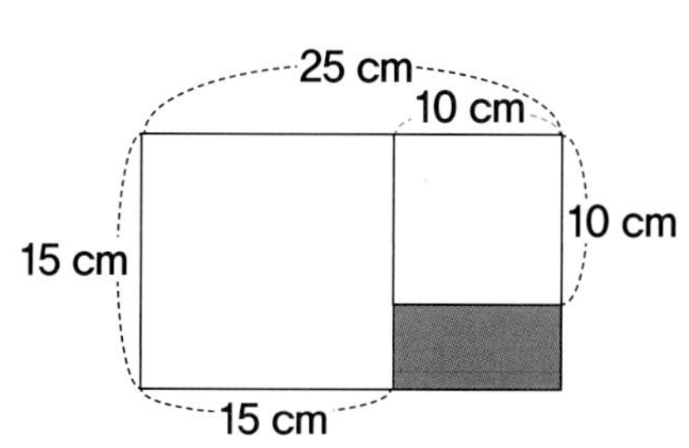

답 5 cm

오답 제로를 위한 **채점 기준표**

	세부 내용	점수
풀이 과정	① 한 변의 길이가 15 cm 정사각형을 만든다고 한 경우	6
	② 남은 부분으로 한 변의 길이가 10 cm인 정사각형을 만든다고 한 경우	6
	③ 남은 종이의 짧은 변의 길이를 5 cm라 한 경우	6
답	5 cm라고 쓴 경우	2
총점		20

③

풀이 그림의 각 조각에 번호를 쓰면 다음과 같습니다.

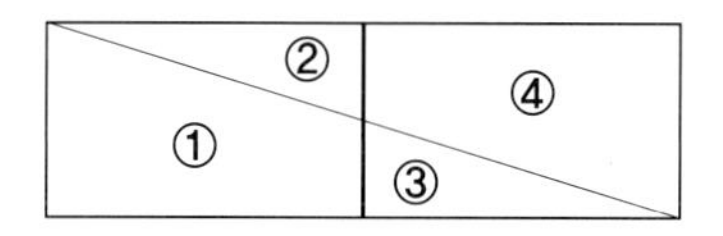

그림에서 찾을 수 있는 직사각형은 ①+②, ③+④, ①+②+③+④로 3개이고, 직각삼각형은 ②, ③, ②+④, ①+③으로 4개이므로 직사각형과 직각삼각형 수의 차는 4-3=1(개)입니다.

답 1개

오답 제로를 위한 **채점 기준표**

	세부 내용	점수
풀이 과정	① 직사각형을 3개라 한 경우	6
	② 직각삼각형을 4개라 한 경우	6
	③ 개수의 차를 1개라 한 경우	6
답	1개라고 쓴 경우	2
총점		20

④

풀이 만든 정사각형 한 변의 길이를 □ cm라 하면 □×12+18+18+12=120입니다. □×12=120-48=72이고 □를 12번 더해 72가 되어야 하므로 □=6입니다. 따라서 만든 정사각형의 한 변의 길이는 6 cm입니다.

답 6 cm

오답 제로를 위한 **채점 기준표**

	세부 내용	점수
풀이 과정	① 정사각형 한 변의 길이를 □ cm라 하여 사각형 3개를 만들 때 사용한 끈의 길이는 (□×12) cm라 한 경우	7
	② □=6이라 한 경우	7
	③ 만든 정사각형 한 변의 길이를 6 cm라 한 경우	4
답	6 cm라고 쓴 경우	2
총점		20

P. 42

문제 오후 1시와 오후 6시 사이의 시각 중 긴바늘이 12를 가리킬 때 짧은바늘과 직각을 이루는 시각을 구하려고 합니다. 풀이 과정을 쓰고, 답을 구하세요.

오답 제로를 위한 **채점 기준표**

	세부 내용	점수
문제	① 주어진 시각을 사용한 경우	7
	② 직각인 시각을 구하는 문제를 만든 경우	8
총점		15

제시된 풀이는 모범답안이므로
채점 기준표를 참고하여 채점하세요.

똑같이 나누기

STEP 1 P. 44

- 1단계 4, 0, 3, 7
- 2단계 다른
- 3단계 나눗셈식
- 4단계 4, 4, 7, 7, 3, 7, 7
- 5단계 ㉠

STEP 2 P. 45

- 1단계 3, 15, 5, 2, 0, 48, 8
- 2단계 큰
- 3단계 나눗셈식
- 4단계 3, 5, 5 / 2, 6, 6 / 6, 8, 8 / 8, 5
- 5단계 따라서 나눗셈식으로 나타냈을 때 몫이 가장 큰 것의 기호는 ㉢입니다.

STEP 3 P. 46

1

풀이 2, 6, 2, 3, 3

답 3개

오답 제로를 위한 **채점 기준표**

	세부 내용	점수
풀이 과정	① 6개를 2묶음으로 묶으면 한 묶음에 3개씩이라 한 경우	3
	② 6÷2=3이라 한 경우	3
	③ 한 사람이 먹을 수 있는 과자를 3개라 한 경우	3
답	3개라고 쓴 경우	1
총점		10

2

풀이

사과 10개를 2개씩 묶으면 5묶음입니다.

10÷2=5이므로 사과 10개를 한 사람이 2개씩 먹을 때 모두 5명이 먹을 수 있습니다.

답 5명

오답 제로를 위한 **채점 기준표**

	세부 내용	점수
풀이 과정	① 10개를 2개씩 묶으면 5묶음이라 한 경우	5
	② 10÷2=5라 한 경우	5
	③ 5명이 먹을 수 있다고 한 경우	3
답	5명이라고 쓴 경우	2
총점		15

곱셈과 나눗셈의 관계

STEP 1 P. 47

- 1단계 2
- 2단계 ㉠, ㉢
- 3단계 나누어지는 수
- 4단계 18 / 6, 3 / 18, 6, 3 / 18, 6, 3, 21
- 5단계 21

STEP 2 P. 48

- 1단계 □×5=20, ㉠
- 2단계 합
- 3단계 나눗셈식
- 4단계 20, 4, 5, 4, 5, 4, 9
- 5단계 따라서 ㉠, ㉡에 들어갈 수의 합은 9입니다.

STEP 3 P. 49

1

풀이 7, 35, 35, 7, 7

답 7개

오답 제로를 위한 **채점 기준표**

	세부 내용	점수
풀이 과정	① 꽃의 수를 $7\times5=35$(송이)라 한 경우	3
	② $35\div5=7$이라 한 경우	3
	③ 만들 수 있는 꽃다발의 수를 7개라 한 경우	3
답	7개라고 쓴 경우	1
총점		10

2

풀이 딸기가 한 접시에 5개씩 3개의 접시에 있으므로 딸기의 수는 $5\times3=15$(개)입니다. 곱셈식을 나눗셈으로 나타내면 $15\div5=3$이므로 딸기를 5개의 접시에 똑같이 나누어 담는다면 한 접시에 3개씩 담아야 합니다.

답 3개

오답 제로를 위한 **채점 기준표**

	세부 내용	점수
풀이 과정	① 딸기의 수를 $5\times3=15$(개)라 한 경우	5
	② $15\div5=3$이라 한 경우	5
	③ 한 접시에 3개를 담는다고 한 경우	3
답	3개라고 쓴 경우	2
총점		15

곱셈식으로 나눗셈의 몫 구하기

STEP 1 P. 50

1단계 6, 6, 3, 3, 4

2단계 잘못

3단계 곱셈식

4단계 5, 5, 8, 8, 8, 8

5단계 ㉢

STEP 2 P. 51

1단계 81, 9, 3, 42

2단계 같은

3단계 곱셈식

4단계 9, 9, 9 / 8, 8, 8 / 9, 9, 9 / 7, 7, 7

5단계 따라서 곱셈식을 이용하여 몫을 구했을 때 몫이 같은 것은 ㉠과 ㉢입니다.

STEP 3 P. 52

1

풀이 6, 4, 4, 24, 4, 4

답 4명

오답 제로를 위한 **채점 기준표**

	세부 내용	점수
풀이 과정	① 한 모둠의 학생 수를 $24\div4$로 나타낸 경우	3
	② 곱셈식으로 나타내면 $6\times4=24$라 한 경우	3
	③ $24\div6$의 몫은 4, 한 모둠 학생 수를 4명이라 한 경우	3
답	4명이라고 쓴 경우	1
총점		10

2

풀이 필요한 우리의 수를 나눗셈으로 나타내면 $18\div6$입니다. 6과 곱해서 18이 되는 수는 3이므로 곱셈식으로 나타나면 $6\times3=18$입니다. 따라서 $18\div6=3$이므로 필요한 우리의 수는 3개입니다.

답 3개

오답 제로를 위한 **채점 기준표**

	세부 내용	점수
풀이 과정	① 필요한 우리 수를 $18\div6$이라 한 경우	3
	② 곱셈식으로 나타내면 $6\times3=18$이라 한 경우	5
	③ $18\div6=3$, 우리의 수는 3개라 한 경우	5
답	3개라고 쓴 경우	2
총점		15

제시된 풀이는 모범답안이므로
채점 기준표를 참고하여 채점하세요.

곱셈구구로 나눗셈의 몫 구하기

STEP 1 ······ P. 53

1단계 20, 4

2단계 곱셈구구

3단계 곱셈구구

4단계 20, 4, 4, 5, 5

5단계 5

STEP 2 ······ P. 54

1단계 28, 7

2단계 방

3단계 곱셈구구

4단계 28, 7, 28, 4, 28, 4

5단계 따라서 수민이네 반 친구들이 모두 방에 들어가려면 4개의 방이 필요합니다.

STEP 3 ······ P. 55

1

풀이 4, 4, 4, 9, 9, 9

답 9개

오답 제로를 위한 **채점 기준표**

	세부 내용	점수
풀이 과정	① 만들 수 있는 달걀찜의 수를 36÷4라 한 경우	3
	② 4의 단 곱셈구구에서 곱이 36인 곱셈식을 4×9=36이라 한 경우	3
	③ 달걀찜 9개를 만들 수 있다고 한 경우	3
답	9개라고 쓴 경우	1
총점		10

2

풀이 (필요한 식탁의 수)=(전체 사람 수)÷(한 식탁에 앉을 수 있는 사람 수)=40÷5입니다. 나누는 수가 5이므로 5의 단 곱셈구구에서 곱이 40인 곱셈식은 5×8=40이므로 40÷5=8입니다. 따라서 8개의 식탁이 필요합니다.

답 8개

오답 제로를 위한 **채점 기준표**

	세부 내용	점수
풀이 과정	① 필요한 식탁의 수를 40÷5라 한 경우	3
	② 5의 단 곱셈구구에서 곱이 40인 곱셈식을 5×8=40이라 한 경우	5
	③ 40÷5=8이므로 8개의 식탁이 필요하다고 한 경우	5
답	8개라고 쓴 경우	2
총점		15

······ P. 56

1

풀이 바나나가 8개씩 4줄 있으므로 바나나의 수는 8×4=32(개)입니다.
바나나 32개를 4개씩 똑같이 나누어 담으려면 곱셈식을 나눗셈식으로 나타냅니다. 32÷4=8이므로 필요한 바구니의 수는 8개입니다.

답 8개

오답 제로를 위한 **채점 기준표**

	세부 내용	점수
풀이 과정	① 바나나의 수를 8×4=32(개)라 한 경우	7
	② 32÷4=8이라 한 경우	7
	③ 바구니의 수는 8개라 한 경우	4
답	8개라고 쓴 경우	2
총점		20

2

풀이 종이접기를 한 학생 수는 (전체 색종이 수)÷(한 사람이 가지는 색종이 수)=16÷2입니다. 2의 단 곱셈구구에서 곱이 16이 되는 곱셈식은 2×8=16입니다. 따라서 16÷2=8이므로 모두 8명이 종이접기를 한 것입니다.

답 8명

오답 제로를 위한 **채점 기준표**

	세부 내용	점수
풀이 과정	① 종이접기를 한 학생 수를 16÷2로 나타낸 경우	6
	② 2의 단 곱셈구구에서 곱이 16이 되는 곱셈식을 2×8=16라 한 경우	6
	③ 16÷2=8이므로 모두 8명이 종이접기를 하였다고 한 경우	6
답	8명이라고 쓴 경우	2
총점		20

❸

풀이 49÷7=7이고 7〈 □이므로 □ 안에 들어갈 수 있는 수는 8, 9입니다.

54÷6=9이고 9〉 □이므로 □ 안에 들어갈 수 있는 수는 1, 2, 3, 4, 5, 6, 7, 8입니다. 따라서 □ 안에 공통으로 들어갈 수 있는 자연수는 8입니다.

답 8

오답 제로를 위한 **채점 기준표**

	세부 내용	점수
풀이 과정	① 497=7이고 7〈□이므로 □ 안에 들어갈 수 있는 수는 8, 9라 한 경우	7
	② 54÷6=9이고 9〉□이므로 □ 안에 들어갈 수 있는 수는 1, 2, 3, 4, 5, 6, 7, 8이라 한 경우	7
	③ □ 안에 공통으로 들어가는 자연수는 8이라 한 경우	4
답	8이라고 쓴 경우	2
총점		20

❹

풀이 (빈 곳에 붙여야 할 붙임딱지의 수)=100-64=36(개)

붙임딱지를 빈 곳에 다 붙이기 위해 걸리는 날수를 □라 하면 6×□=36이고 곱셈과 나눗셈의 관계를 이용하면 36÷6=□이므로 □ 안에 알맞은 수는 6입니다. 따라서 빈 곳에 붙임딱지를 다 붙이기 위해 걸리는 날수는 6일입니다.

답 6일

오답 제로를 위한 **채점 기준표**

	세부 내용	점수
풀이 과정	① 빈 곳에 붙여야 할 붙임딱지 수 36개라 한 경우	6
	② 걸리는 날수를 □라 하면 6×□=36, 36÷6=□라 한 경우	6
	③ □ 안에 알맞은 수는 6, 걸리는 날수를 6일이라 한 경우	6
답	6일이라고 쓴 경우	2
총점		20

P. 58

문제 초콜릿 36개를 4사람에게 똑같이 나누어줄 때 한 사람이 가질 수 있는 초콜릿의 수를 구하려고 합니다. 나눗셈의 몫을 곱셈식을 이용하여 구하는 풀이 과정을 쓰고, 답을 구하세요.

오답 제로를 위한 **채점 기준표**

	세부 내용	점수
문제	① 수 36, 4를 이용한 경우	7
	② 한 사람에게 나누어줄 수 있는 개수를 구하는 문제를 만든 경우	8
총점		15

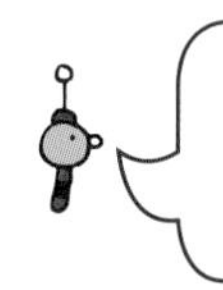

제시된 풀이는 모범답안이므로
채점 기준표를 참고하여 채점하세요.

4단원 곱셈

(몇십)×(몇)

STEP 1 P. 60

1단계 2, 3

2단계 수

3단계 곱합니다

4단계 20, 3, 20, 3, 60

5단계 60

STEP 2 P. 61

1단계 10, 8

2단계 달걀

3단계 곱합니다

4단계 달걀, 10, 8, 80

5단계 따라서 지은이가 판 달걀의 수는 80개입니다.

STEP 3 P. 62

❶

풀이 8, 20, 20, 160, 160

답 160

오답 제로를 위한 **채점 기준표**

	세부 내용	점수
풀이 과정	① 어떤 수를 □라 하고 □÷8=20을 쓴 경우	3
	② 20×8=□를 쓴 경우	3
	③ 어떤 수를 160이라고 쓴 경우	3
답	160이라고 쓴 경우	1
총점		10

❷

풀이 어떤 수를 □라 하면 □÷5=40이므로 곱셈과 나눗셈의 관계에 따라 40×5=□이고 □=200입니다. 따라서 어떤 수는 200입니다.

답 200

오답 제로를 위한 **채점 기준표**

	세부 내용	점수
풀이 과정	① 어떤 수를 □라 하고 □÷5=40을 쓴 경우	5
	② 5×40=□를 쓴 경우	5
	③ 어떤 수를 200이라고 쓴 경우	3
답	200이라고 쓴 경우	2
총점		15

올림이 없는 (몇십몇)×(몇)

STEP 1 P. 63

1단계 23, 3

2단계 귤

3단계 곱합니다

4단계 23, 3, 69

5단계 69

STEP 2 P. 64

1단계 4, 12

2단계 연필

3단계 곱합니다

4단계 12, 4, 48

5단계 따라서 이 문구점에서 팔고 있는 연필의 수는 48자루입니다.

STEP 3 P. 65

❶

풀이 21, 42, 12, 48, 42, 48 / 43, 46, 47 / 5

답 5개

오답 제로를 위한 **채점 기준표**

	세부 내용	점수
풀이 과정	① □가 $42<\square<48$임을 쓴 경우	3
	② □에 들어갈 수 있는 자연수를 적은 경우 □=43, 44, 45, 46, 47	3
	③ □에 들어갈 수 있는 자연수가 5개라고 쓴 경우	3
답	5개라고 쓴 경우	1
총점		10

❷

풀이 $43\times2=86$이고, $33\times3=99$이므로 $86<\square<99$입니다. 따라서 □ 안에 들어갈 수 있는 자연수는 87, 88, 89, 90, …… 97, 98로 모두 12개입니다.

답 12개

오답 제로를 위한 **채점 기준표**

	세부 내용	점수
풀이 과정	① □가 $86<\square<99$임을 쓴 경우	5
	② □에 들어갈 수 있는 자연수를 적은 경우 □=87, 88, 89, 90, ……, 97, 98	5
	③ □에 들어갈 수 있는 자연수가 12개라고 쓴 경우	3
답	12개라고 쓴 경우	2
총점		15

올림이 한 번 있는 (몇십몇)×(몇)

STEP 1 P. 66

1단계 6, 15, 7, 16

2단계 작은

3단계 올림

4단계 84, 45, 91 / 64 / 45, 64, 84, 91

5단계 ㉡

STEP 2 P. 67

1단계 32, 4

2단계 4

3단계 곱합니다

4단계 32, 4, 128

5단계 따라서 이 매장에서 4일 동안 판 제품의 수는 모두 128대입니다.

STEP 3 P. 68

❶

풀이 14, 42 / 41, 164 / 42, 164, 206

답 206개

오답 제로를 위한 **채점 기준표**

	세부 내용	점수
풀이 과정	① 수정의 클립 수 $14\times3=42$(개)라고 한 경우	3
	② 형주의 클립 수 $41\times4=164$(개)라고 한 경우	3
	③ 두 사람의 클립 수 $42+164=206$(개)이라고 한 경우	3
답	206개라고 쓴 경우	1
총점		10

❷

풀이 진열되어 있는 옥수수의 수는 $31\times4=124$(개)이고 호박의 수는 $23\times4=92$(개)입니다. 따라서 마트에 진열되어 있는 옥수수와 호박의 수는 모두 $124+92=216$(개)입니다.

답 216개

오답 제로를 위한 **채점 기준표**

	세부 내용	점수
풀이 과정	① 옥수수는 $31\times4=124$(개)라고 한 경우	5
	② 호박은 $23\times4=92$(개)라고 한 경우	5
	③ 옥수수와 호박이 모두 $124+92=216$(개)라 한 경우	3
답	216개라고 쓴 경우	2
총점		15

올림이 여러 번 있는 (몇십몇)×(몇)

STEP 1 P. 69

1단계 28, 6, 32

2단계 많이

3단계 곱합니다

4단계 168 / 5, 5 / 160, 168, 160 / 168, 8

5단계 나연, 8

제시된 풀이는 모범답안이므로
채점 기준표를 참고하여 채점하세요.

STEP 2 P. 70

1단계 75, 5, 18

2단계 초콜릿

3단계 곱한, 뺍니다

4단계 75, 5, 375 / 375 / 375, 18, 357

5단계 따라서 남아 있는 초콜릿의 수는 357개입니다.

STEP 3 P. 71

1

풀이 35, 35, 35, 4, 140

답 140명

오답 제로를 위한 채점 기준표

	세부 내용	점수
풀이 과정	① 소풍 가는 사람의 수를 35×4라고 쓴 경우	3
	② 35×4를 140으로 계산한 경우	3
	③ 소풍 가는 사람의 수를 140명이라고 한 경우	3
답	140명이라고 쓴 경우	1
총점		10

2

풀이 (음원 수익)=(음악을 한 번 들을 때마다 쌓이는 수익)×(음악을 들은 횟수)이므로 음악을 9번 들었을 때의 수익은 17×9=153(원)입니다.

답 153원

오답 제로를 위한 채점 기준표

	세부 내용	점수
풀이 과정	① 쌓인 수익을 17×9라고 쓴 경우	5
	② 17×9를 153으로 계산한 경우	5
	③ 수익이 153원이라고 한 경우	3
답	153원이라고 쓴 경우	2
총점		15

실력 다지기 P. 72

1

풀이 오징어 한 축은 20마리이므로 오징어 3축은 20×3=60(마리)입니다. 조기 한 손은 2마리이므로 28손은 2×28=28×2=56(마리)입니다. 60>56이므로 오징어를 60-56=4(마리) 더 많이 사온 것입니다.

답 오징어, 4마리

오답 제로를 위한 채점 기준표

	세부 내용	점수
풀이 과정	① 오징어 3축을 20×3=60(마리)이라 한 경우	6
	② 조기 28손을 2×28=56(마리)이라 한 경우	6
	③ 오징어를 4마리 더 사온 것이라 한 경우	6
답	오징어, 4마리라고 쓴 경우	2
총점		20

2

풀이 기영의 구슬의 수는 14×7=98(개)이고, 민철이의 구슬 수는 19×6=114(개)이므로 민철이가 114-98=16(개) 더 많이 가지고 있습니다. 따라서 두 사람이 가진 구슬의 수를 같게 하려면 민철이가 기영이에게 더 가진 것의 반만큼인 16÷2=8(개)를 주어야 합니다.

답 민철이가 기영이에게 8개를 주어야 합니다.

오답 제로를 위한 채점 기준표

	세부 내용	점수
풀이 과정	① 기영이의 구슬 수를 14×7=98(개)이라 한 경우	6
	② 민철이의 구슬 수를 19×6=114(개)라 한 경우	6
	③ 민철이가 기영이에게 16÷2=8개를 주어야 한다고 한 경우	6
답	'민철이가 기영이에게 8개를 주어야 합니다.'와 같은 내용을 표현한 경우	2
총점		20

3

풀이 햇빛 양계장은 하루에 32개의 달걀이 나오므로 3일 동안 나온 달걀의 수는 32×3=96(개)이고, 별빛 양계장은 하루에 44개의 달걀이 나오므로 3일 동안 나온 달걀의 수는 44×3=132(개)입니다. 따라서 두 양계장에서 나온 달걀의 합은 96+132=228(개)입니다.

다른 풀이 (하루에 두 양계장에서 나오는 달걀의 수)

=32+44=76(개)

(3일 동안 두 양계장에서 나오는 달걀의 수)

=76×3=228(개)

답 228개

오답 제로를 위한 **채점 기준표**

	세부 내용	점수
풀이 과정	① 햇빛 양계장은 32×3=96(개)라 한 경우	6
	② 별빛 양계장은 44×3=132(개)라 한 경우	6
	③ 두 양계장 96+132=228(개)라 한 경우	6
답	228개라고 쓴 경우	2
총점		20

4

풀이 민정이네 반 각 모둠의 학생 수는 ㉮ 모둠 6명, ㉯ 모둠 9명, ㉰ 모둠 8명입니다. (㉮ 모둠이 한 달 동안 모으는 재활용품 무게)=12×6=72 (kg), (㉯ 모둠이 한 달 동안 모으는 재활용품 무게)=12×9=108 (kg), (㉰ 모둠이 한 달 동안 모으는 재활용품 무게)

=12×8=96 (kg)이므로 민정이네 반 학생들이 한 달 동안 모으는 재활용품의 무게는 72+108+96=276 (kg)입니다.

답 276 kg

오답 제로를 위한 **채점 기준표**

	세부 내용	점수
풀이 과정	① ㉮ 모둠 6명, ㉯ 모둠 9명, ㉰ 모둠 8명이라 한 경우	4
	② ㉮ 모둠 72 kg, ㉯ 모둠 108 kg, ㉰ 모둠 96 kg이라 한 경우	7
	③ 한 달 동안 모으는 재활용품의 무게가 276 kg이라고 쓴 경우	7
답	276 kg이라고 쓴 경우	2
총점		20

P. 74

문제 매일 아침 주하와 주하 아버지는 윗몸일으키기 운동을 합니다. 오늘 아침에 윗몸일으키기를 주하는 20번을 하였고 주하 아버지는 주하의 3배를 하였습니다. 주하 아버지가 한 윗몸일으키기는 몇 번인지 풀이 과정을 쓰고, 답을 구하세요.

오답 제로를 위한 **채점 기준표**

	세부 내용	점수
문제	① 20, 3의 수가 표현된 경우	5
	② 윗몸일으키기라는 낱말을 표현한 경우	5
	③ (몇십)×(몇)의 꼴로 문제를 만든 경우	5
총점		15

제시된 풀이는 **모범답안**이므로 **채점 기준표**를 참고하여 채점하세요.

5단원 길이와 시간

핵심유형 1 1 cm보다 작은 단위

STEP 1 P. 76

1단계 173

2단계 cm, mm

3단계 mm, cm

4단계 mm, cm, 170, 17, 17, 3

5단계 17, 3

STEP 2 P. 77

1단계 15, 4

2단계 mm

3단계 cm, mm

4단계 15, 4, 15, 150, 154

5단계 따라서 빨대의 길이는 154 mm입니다.

STEP 3 P. 78

1

풀이 10, 120 / 12, 1, 12, 1 / 12, 1, 12 / 있습니다

답 살 수 있습니다.

오답 제로를 위한 **채점 기준표**

	세부 내용	점수
풀이 과정	① 121 mm를 12 cm 1 mm로 나타낸 경우	5
	② 오이를 살 수 있다고 쓴 경우	4
답	'살 수 있습니다.'라고 쓴 경우	1
총점		10

2

풀이 1 cm=10 mm이므로 성민이가 산 볼펜의 길이는 193 mm =190 mm+3 mm=19 cm+3 mm=19 cm 3 mm입니다. 19 cm 3 mm > 19 cm이므로 세로 산 볼펜을 필통에 넣을 수 없습니다.

답 넣을 수 없습니다.

오답 제로를 위한 **채점 기준표**

	세부 내용	점수
풀이 과정	① 193 mm를 19 cm 3 mm로 나타낸 경우	7
	② 볼펜을 필통에 넣을 수 없다고 쓴 경우	6
답	'넣을 수 없습니다.'라고 쓴 경우	2
총점		15

핵심유형 2 1 m보다 큰 단위

STEP 1 P. 79

1단계 1, 100

2단계 m

3단계 km, 1000

4단계 km, 1000, 1, 100, 1000, 1100

5단계 1100

STEP 2 P. 80

1단계 1, 708

2단계 m

3단계 km, 1000

4단계 1000, 708, 1000, 1708

5단계 따라서 설악산의 높이는 1708 m입니다.

STEP 3 P. 81

1

풀이 8750, 8000, 8, 750, 8, 750, 8, 750

답 8 km 750 m

오답 제로를 위한 **채점 기준표**

	세부 내용	점수
풀이 과정	① 8750 m를 8 km 750 m로 나타낸 경우	5
	② 사촌집까지의 거리가 8 km 750 m라고 쓴 경우	4
답	8 km 750 m라고 쓴 경우	1
	총점	10

❷

풀이 1000 m=1 km이므로 산장까지의 거리는 3210 m=3000 m+210 m=3 km+210 m=3 km210 m입니다. 따라서 산 입구에서 산장까지 3 km 210 m를 올라가야 합니다.

답 3 km 210 m

오답 제로를 위한 **채점 기준표**

	세부 내용	점수
풀이 과정	① 3210 m를 3 km 210 m로 나타낸 경우	7
	② 산장까지의 거리가 3 km 210 m라고 쓴 경우	6
답	3 km 210 m라고 쓴 경우	2
	총점	15

1분보다 작은 단위

STEP 1 P. 82

1단계 3, 41

2단계 초

3단계 60

4단계 60, 60, 180 / 3, 180, 221

5단계 221

STEP 2 P. 83

1단계 7, 19

2단계 초

3단계 60

4단계 60, 60, 420 / 7, 420, 439

5단계 따라서 세희의 기록은 439초입니다.

STEP 3 P. 84

❶

풀이 1, 60, 60, 60, 5, 5

답 5분

오답 제로를 위한 **채점 기준표**

	세부 내용	점수
풀이 과정	① 60초가 1분임을 나타낸 경우	3
	② 300초가 5분임을 나타낸 경우	4
	③ UCC 영상의 길이가 5분을 넘으면 안 된다고 쓴 경우	2
답	5분이라고 쓴 경우	1
	총점	10

❷

풀이 60초=1분입니다. 137초=60초+60초+17초=1분+1분+17초=2분 17초입니다. 따라서 세진이의 기록은 2분 17초입니다.

답 2분 17초

오답 제로를 위한 **채점 기준표**

	세부 내용	점수
풀이 과정	① 60초가 1분임을 나타낸 경우	5
	② 137초를 2분 17초로 나타낸 경우	4
	③ 세진이의 기록이 2분 17초라고 쓴 경우	4
답	2분 17초라고 쓴 경우	2
	총점	15

시간의 덧셈과 뺄셈

STEP 1 P. 85

1단계 1, 10, 2, 30

2단계 시각

3단계 시, 분

4단계 1, 2, 3, 40

5단계 3, 40

제시된 풀이는 모범답안이므로 채점 기준표를 참고하여 채점하세요.

STEP 2 P. 86

1단계 3, 17, 22, 1, 30, 15

2단계 시각

3단계 시, 분, 초

4단계 3, 22, 30, 4, 47, 37

5단계 따라서 영화가 끝난 시각은 오후 4시 47분 37초입니다.

STEP 3 P. 87

1

풀이 42, 1, 4, 58 / 8, 1 / 4, 40, 58, 40 / 58, 40, 18

답 성민이네 모둠, 18초

오답 제로를 위한 채점 기준표

	세부 내용	점수
풀이 과정	① 은비네 모둠의 기록의 합을 바르게 구한 경우	3
	② 성민이네 모둠의 기록의 합을 바르게 구한 경우	3
	③ 두 모둠의 기록의 차를 바르게 구한 경우	2
	④ 성민이네 모둠의 기록이 더 빠르다고 쓴 경우	1
답	성민이네 모둠, 18초라고 쓴 경우	1
총점		10

2

풀이 (고속버스가 부산에 도착한 시각)=오전 8시 30분+4시간 20분=오후 12시 50분이고

(고속열차가 부산에 도착한 시각)=오전 10시 10분+2시간 35분=오후 12시 45분이므로

고속열차가 오후 12시 50분-오후 12시 45분=5분 더 빨리 도착하였습니다.

답 고속열차, 5분

오답 제로를 위한 채점 기준표

	세부 내용	점수
풀이 과정	① 고속버스가 도착한 시각을 12시 50분이라 한 경우	5
	② 고속열차가 도착한 시각을 12시 45분이라 한 경우	5
	③ 고속버스가 5분 더 빨리 도착했다고 한 경우	3
답	고속열차, 5분이라고 쓴 경우	2
총점		15

P. 88

1

풀이 달팽이가 10초 동안 5 mm를 움직이므로 40초 동안 움직이는 거리는 5×4=20 (mm)입니다. 10 mm=1 cm이므로 20 mm=2 cm입니다. 따라서 이 달팽이는 40초 동안 2 cm를 움직인 것입니다.

답 2 cm

오답 제로를 위한 채점 기준표

	세부 내용	점수
풀이 과정	① 40초 동안 움직이는 거리를 5×4=20 (mm)이라 한 경우	6
	② 10 mm=1 cm이므로 20 mm=2 cm라 한 경우	6
	③ 달팽이가 2 cm 움직인 것이라고 한 경우	6
답	2 cm라고 쓴 경우	2
총점		20

2

풀이 (경복궁을 모두 살펴보고 나온 시각)-(살펴본 시간)=4시 14분 30초-2시간 18분 12초=3시 74분 30초-2시간 18분 12초= 1시간 56분 18초입니다. 따라서 경복궁에 입장한 시각은 오후 1시 56분 18초입니다.

답 오후 1시 56분 18초

오답 제로를 위한 채점 기준표

	세부 내용	점수
풀이 과정	① 4시 14분 30초-2시간 18분 12초=1시간 56분 18초라 한 경우	9
	② 경복궁에 입장한 시각이 오후 1시 56분 18초라고 쓴 경우	9
답	오후 1시 56분 18초라고 쓴 경우	2
총점		20

3

풀이 (집에 온 시각)=(등교한 시각)+(학교에 가서 집에 올 때까지 걸린 시간)=8시 13분 43초+4시간 35분=12시 48분 43초입니다.

(학교에서 집으로 돌아와 잠이 들 때까지의 시간)=21시 45분 36초-12시 48분 43초=8시간 56분 53초입니다.

답 8시간 56분 53초

오답 제로를 위한 **채점 기준표**

	세부 내용	점수
풀이 과정	① 8시 13분 43초+4시간 35분=12시 48분 43초라 한 경우	9
	② 21시 45분 36초−12시 48분 43초=8시간 56분 53초라 한 경우	9
답	8시간 56분 53초라고 쓴 경우	2
총점		20

4

풀이 2 km보다 200 m 짧은 길이는 1 km 800 m입니다.
(각 변의 길이를 200 m씩 줄여서 만든 화단의 둘레)
=1 km 800 m+1 km 800 m+1 km 800 m+1 km 800 m
= 7 km 200 m입니다. 1900 m=1 km 900 m이므로
(직사각형 모양 화단의 둘레)=1 km 900 m+1 km 200 m+1 km 900 m+1 km 200 m=6 km 200 m입니다.
따라서 각 변의 길이를 200 m씩 줄여서 만든 화단의 둘레는 직사각형 모양 화단의 둘레보다 7 km 200 m−6 km 200 m=1 km 더 깁니다.

답 1 km

오답 제로를 위한 **채점 기준표**

	세부 내용	점수
풀이 과정	① 2 km보다 200 m 짧은 길이를 1 km 800 m라 한 경우	4
	② 각 변의 길이를 200 m 줄여서 만든 화단의 둘레를 7 km 300 m라 한 경우	4
	③ 직사각형 모양의 화단의 둘레를 6 km 200 m라 한 경우	6
	④ 1 km 더 길다고 한 경우	4
답	1 km라고 한 경우	2
총점		20

P. 90

문제 집에서 도서관까지의 거리는 1 km보다 658 m 더 멉니다. 집에서 도서관까지의 거리는 몇 m인지 풀이 과정을 쓰고, 답을 구하세요.

오답 제로를 위한 **채점 기준표**

	세부 내용	점수
문제	① 1 km 658 m의 수가 표현된 경우	5
	② 집, 도서관이라는 낱말을 표현한 경우	5
	③ 1 m보다 큰 단위 문제를 만든 경우	5
총점		15

제시된 풀이는 모범답안이므로
채점 기준표를 참고하여 채점하세요.

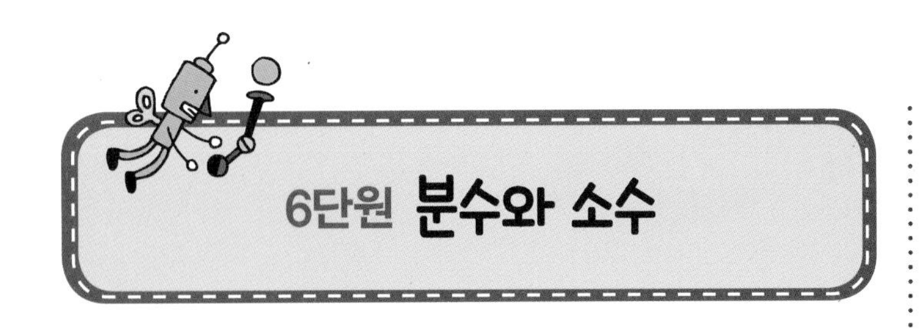

분수 알아보기

STEP 1 P. 92

- 1단계 $12, \frac{2}{3}$
- 2단계 먹은
- 3단계 3, 2
- 4단계 3, 4, 4, 8
- 5단계 8

STEP 2 P. 93

- 1단계 $10, \frac{2}{5}$
- 2단계 칸
- 3단계 5, 2
- 4단계 $5, 2, \frac{2}{5}, 2, 4$
- 5단계 따라서 색칠해야 할 칸의 수는 4칸입니다.

STEP 3 P. 94

1

풀이 $5, \frac{5}{6}, \frac{5}{6}$

답 $\frac{5}{6}$

오답 제로를 위한 **채점 기준표**

	세부 내용	점수
풀이 과정	① 먹고 남은 케이크를 5조각이라고 쓴 경우	3
	② 전체를 똑같이 6으로 나눈 것 중 5를 $\frac{5}{6}$라고 쓴 경우	3
	③ 남은 부분을 $\frac{5}{6}$라 한 경우	3
답	$\frac{5}{6}$라고 쓴 경우	1
총점		10

2

풀이 $\frac{1}{4}$은 전체를 똑같이 4로 나눈 것 중의 1입니다. 전체의 $\frac{1}{4}$을 먹었으므로 남은 부분은 전체를 똑같이 4로 나눈 것 중 3입니다. 따라서 남은 부분을 분수로 나타내면 $\frac{3}{4}$입니다.

답 $\frac{3}{4}$

오답 제로를 위한 **채점 기준표**

	세부 내용	점수
풀이 과정	① $\frac{1}{4}$을 전체를 똑같이 4로 나눈 것 중의 1이라고 한 경우	4
	② 남은 부분은 전체를 똑같이 4로 나눈 것 중의 3이라고 한 경우	5
	③ 남은 부분을 분수로 나타내면 $\frac{3}{4}$이라고 한 경우	4
답	$\frac{3}{4}$이라고 쓴 경우	2
총점		15

분모가 같은 분수의 크기 비교

STEP 1 P. 95

- 1단계 $\frac{2}{5}, \frac{4}{5}$
- 2단계 많이
- 3단계 분자
- 4단계 큰, 분모, 4, $\frac{4}{5}$
- 5단계 빨간색

STEP 2 P. 96

- 1단계 $\frac{3}{8}, \frac{5}{8}$
- 2단계 적은
- 3단계 분자
- 4단계 분모, 3, 5, $\frac{5}{8}$
- 5단계 따라서 먹은 피자의 양이 더 적은 사람은 혁이입니다.

STEP 3 P. 97

1

풀이 적은, $\frac{3}{4}$, 분자, 3, $\frac{3}{4}$, 성현

답 성현

오답 제로를 위한 **채점 기준표**

세부 내용		점수
풀이 과정	① 분자를 바르게 비교한 경우	3
	② $\frac{3}{4}>\frac{2}{4}$라고 쓴 경우	3
	③ 남은 양이 더 많은 사람을 성현이라고 쓴 경우	2
답	성현이라고 쓴 경우	2
총점		10

2

풀이 푼 양이 적을수록 남은 양이 많으므로 $\frac{3}{7}$과 $\frac{5}{7}$중 더 작은 수를 찾습니다. $\frac{3}{7}$과 $\frac{5}{7}$는 분모가 같으므로 분자가 작을수록 작은 수입니다. 분자를 비교하면 3<5이므로 $\frac{3}{7}<\frac{5}{7}$입니다. 따라서 푼 양이 적은 경희가 남은 문제집의 양이 더 많습니다.

답 경희

오답 제로를 위한 **채점 기준표**

세부 내용		점수
풀이 과정	① 분자를 바르게 비교한 경우	4
	② $\frac{3}{7}<\frac{5}{7}$라고 쓴 경우	5
	③ 문제집의 양이 더 많은 사람이 경희라고 쓴 경우	4
답	경희라고 쓴 경우	2
총점		15

핵심유형 3 소수 알아보기

STEP 1 P. 98

1단계 7, 5

2단계 cm

3단계 0.1

4단계 5, 0.5, 7.5, 0.5, 7.5

5단계 7.5

STEP 2 P. 99

1단계 3, $\frac{3}{10}$

2단계 소수

3단계 0.1, 0.1

4단계 0.3, 3.3, 0.3, 3.3

5단계 따라서 음료수는 3.3컵입니다.

STEP 3 P. 100

1

풀이 10, 39 / 0.1, 13 / 13, 39, 13 / 13, 52

답 52

오답 제로를 위한 **채점 기준표**

세부 내용		점수
풀이 과정	① 3.9를 0.1이 39개인 수라고 나타낸 경우	3
	② 1.3을 0.1이 13개인 수라고 나타낸 경우	3
	③ □와 ○ 안에 들어갈 수들의 합을 52라 한 경우	3
답	52라고 쓴 경우	1
총점		10

2

풀이 1은 0.1이 10개인 수이므로 2는 0.1이 20개인 수입니다. 0.1 cm=1 mm이고 4.7은 0.1이 47개인 수이므로 4.7 cm=47 mm입니다. 따라서 □=20, ○=47이므로 □와 ○ 안에 들어갈 수들의 합은 20+47=67입니다.

답 67

오답 제로를 위한 **채점 기준표**

세부 내용		점수
풀이 과정	① 2를 0.1이 20개인 수라고 나타낸 경우	4
	② 4.7을 0.1이 47개인 수라고 나타낸 경우	4
	③ □와 ○ 안에 들어갈 수들의 합을 67이라 한 경우	5
답	67이라고 쓴 경우	2
총점		15

제시된 풀이는 모범답안이므로
채점 기준표를 참고하여 채점하세요.

소수의 크기 비교

STEP 1 P. 101

1단계 1.3, 0.9

2단계 많이

3단계 큰

4단계 1.3, 1, 1.3, 0.9

5단계 경희

STEP 2 P. 102

1단계 5.3, 7.1

2단계 높은지

3단계 큰

4단계 자연수, 7, 5.3, 7.1

5단계 따라서 가희가 쌓은 블록의 높이가 더 높습니다.

STEP 3 P. 103

1

풀이 6.7 / 0.1, 5.7, 5.7 / 6.7 / 6, 6.7 / 6.7

답 6.7

오답 제로를 위한 **채점 기준표**

	세부 내용	점수
풀이 과정	① 0.1이 67개인 수를 6.7로 나타낸 경우	2
	② 57 mm를 5.7 cm로 나타낸 경우	2
	③ 6.7과 5.7의 자연수 부분을 바르게 비교한 경우	3
	④ 더 큰 수를 6.7이라고 쓴 경우	2
답	6.7이라고 쓴 경우	1
총점		10

2

풀이 1 mm=0.1 cm이므로 173 mm=17.3 cm이고 155 mm=15.5 cm입니다. □와 ○ 안에 들어갈 수인 소수 17.3과 15.5의 소수 부분을 비교하면 $3<5$이므로 소수 부분이 더 큰 수는 15.5입니다.

답 15.5

오답 제로를 위한 **채점 기준표**

	세부 내용	점수
풀이 과정	① 173 mm를 17.3 cm로 나타낸 경우	3
	② 155 mm를 15.5 cm로 나타낸 경우	3
	③ 17.3과 15.5의 소수 부분을 바르게 비교한 경우	4
	④ 소수 부분이 더 큰 수를 15.5라고 쓴 경우	4
답	15.5라고 쓴 경우	1
총점		15

1

풀이 $\frac{5}{10}<$ △.○ $<\frac{9}{10}$에서 $\frac{5}{10}=0.5$이고 $\frac{9}{10}=0.9$이므로 $0.5<$ △.○ <0.9입니다. 이때 △.○는 0.6, 0.7, 0.8입니다. 0.1이 6개인 수 $<$ △.○ $<$ 0.1이 10개인 수에서 0.1이 6개인 수는 0.6이고 0.1이 10개인 수는 1이므로 $0.6<$ △.○ <1입니다. 이때 △.○는 0.7, 0.8, 0.9입니다. 따라서 △.○ 안에 공통으로 들어갈 소수는 0.7, 0.8로 2개입니다.

답 2개

오답 제로를 위한 **채점 기준표**

	세부 내용	점수
풀이 과정	① $\frac{5}{10}<$ △.○ $<\frac{9}{10}$에서 분수를 소수로 바르게 바꾼 경우	4
	② △.○에 들어갈 소수를 바르게 찾은 경우	4
	③ 0.1이 6개인 수 $<$ △.○ $<$ 0.1이 10개인 수에서 △.○에 들어갈 수를 바르게 찾은 경우	4
	④ △.○에 공통으로 들어갈 소수는 0.7, 0.8로 2개라 한 경우	6
답	2개라고 쓴 경우	2
총점		20

2

풀이 $\frac{4}{9}$는 $\frac{1}{9}$이 4개인 수입니다. 전체의 $\frac{4}{9}$을 칠하는 데 12분이 걸렸다면 전체의 $\frac{1}{9}$을 칠하는 데 걸린 시간은 $12\div4=3$(분)입니다. 따라서 전체를 다 칠하는 데 걸리는 시간은 $3\times9=27$(분)입니다.

답 27분

오답 제로를 위한 **채점 기준표**

	세부 내용	점수
풀이 과정	① 전체의 $\frac{1}{9}$을 칠하는 데 걸린 시간은 12÷4=3(분)이라 한 경우	9
	② 전체를 다 칠하는 데 걸리는 시간을 3×9=27(분)으로 계산한 경우	9
답	27분이라고 한 경우	2
	총점	20

3

풀이 0.1 cm=1 mm이므로 11.5 cm=115 mm입니다. 수요일은 화요일보다 3 mm 더 자랐으므로 118 mm이고, 목요일은 수요일보다 7 mm 더 자랐으므로 125 mm, 금요일은 목요일보다 7 mm 더 자랐으므로 132 mm입니다. 132 mm=13.2 cm이므로 금요일 오후 3시에 강낭콩의 키는 13.2 cm입니다.

답 13.2 cm

오답 제로를 위한 **채점 기준표**

	세부 내용	점수
풀이 과정	① 11.5 cm를 115 mm라고 나타낸 경우	3
	② 수요일을 118 mm라고 쓴 경우	4
	③ 목요일을 125 mm라고 쓴 경우	4
	④ 금요일을 132 mm라고 쓴 경우	4
	⑤ 금요일 오후 3시에 강낭콩의 키가 13.2 cm라고 쓴 경우	3
답	13.2 cm라고 쓴 경우	2
	총점	20

4

풀이 가로줄의 1.2는 0.1이 12개, 0.9는 0.1이 9개, $\frac{6}{10}$=0.6이므로 0.1이 6개입니다. 가로줄에 있는 세 수를 모으면 0.1이 모두 12+9+6=27(개)입니다.

세로줄의 0.9는 0.1이 9개, $\frac{7}{10}$=0.7이므로 0.1이 7개입니다. 세로줄의 ▲를 제외한 0.1의 개수는 9+7=16(개)입니다. 가로줄과 세로줄의 세 수를 각각 모았을 때 0.1의 개수가 같으므로 ▲는 0.1의 개수가 27-16=11(개)인 수이므로 1.1입니다.

답 1.1

오답 제로를 위한 **채점 기준표**

	세부 내용	점수
풀이 과정	① 가로줄의 0.1의 개수를 모았을 때 0.1이 27개인 경우	5
	② ▲를 제외하고 세로줄의 0.1의 개수를 모았을 때 16개인 경우	5
	③ 27−16을 쓴 경우	3
	④ ▲의 값을 1.1이라고 한 경우	5
답	1.1이라고 나타낸 경우	2
	총점	20

P. 106

문제 서진이는 와플을 똑같이 8조각으로 나누어 전체의 $\frac{1}{2}$만큼 먹었습니다. 서진이가 먹은 와플은 몇 조각인지 풀이 과정을 쓰고 답을 구하세요.

오답 제로를 위한 **채점 기준표**

	세부 내용	점수
문제	① 8, $\frac{1}{2}$의 수가 표현된 경우	4
	② 와플이라는 낱말을 표현한 경우	3
	③ 전체의 분수만큼 구하는 문제를 만든 경우	8
	총점	15

제시된 풀이는 모범답안이므로
채점 기준표를 참고하여 채점하세요.

MEMO

MEMO

MEMO